管廊建设
要关注的
十大防水问题

吴波 郭文雄 何山◎著

中国建材工业出版社

图书在版编目（CIP）数据

管廊建设要关注的十大防水问题/吴波，郭文雄，
何山著.—北京：中国建材工业出版社，2017.4
　ISBN 978-7-5160-1802-6

　Ⅰ.①管… Ⅱ.①吴… ②郭… ③何… Ⅲ.①市政工
程—地下管道—建筑防水—研究 Ⅳ.①TU990.3

中国版本图书馆CIP数据核字（2017）第053833号

内容简介

全书共分五篇，第一篇为综合管廊工程防水概述，第二篇为百年管廊怕漏水，第三篇为综合管廊工程全密封防水原理，第四篇为综合管廊工程防水十大核心问题，第五篇为综合管廊工程全密封防水方案与案例。各篇具有相对独立性，同时也具有内在逻辑联系。

本书具有很好的实用性和针对性，相信能为我国从事管廊工程防水设计、施工、管理和研究的相关人员提供很大的帮助。

管廊建设要关注的十大防水问题

吴　波　郭文雄　何　山　著

出版发行：中国建材工业出版社

地　　址：北京市海淀区三里河路1号
邮　　编：100044
经　　销：全国各地新华书店
印　　刷：北京盛通印刷股份有限公司
开　　本：787mm×1092mm　1/16
印　　张：8.25
字　　数：100千字
版　　次：2017年4月第1版
印　　次：2017年4月第1次
定　　价：69.80元

本社网址：www.jccbs.com　　　微信公众号：zgjcgycbs
本书如出现印装质量问题，由我社市场营销部负责调换。联系电话：（010）88386906

序 一

随着我国城镇化进程的加速，当前的城市综合管廊工程建设方兴未艾，这对保障城市建设发展与安全运作、提升城乡居民的生活水平与改善公共环境，意义十分深远。

城市综合管廊工程建设步伐的加快，给防水界提出了新的严峻课题，尽管它的防水与隧道工程的防水有很多共性，但也有自己的个性、特点，这就需要防水人积极地做出新的认识与探索。在这个背景下，解决好城市综合管廊工程防水问题迅速成为建筑业中的一大热点，引起防水界普遍关注。

对于这个充满魅力与挑战的课题，广西"金雨伞"公司的领导与防水技术人员在已开发的全密封防水理论的基础上，依据CPS反应粘防水材料兼备化学交联与物理卯榫共同作用的机理，在夯实、完善其理论的同时，结合管廊工程特点，进一步改善材料特性，更好地构筑"二元"蠕变，满足结构抗裂的防水层，从而合理地应用于各地诸多防水工程实践。其间，研制试验与现场施工人员切问近思、心无旁骛、沉潜探索，总结了较丰富的经验，尤其本书中一系列工程成功实例，更是有力的佐证，显示了最初的期盼已流衍为令人歆美的业绩。

本书的标题与目录，显豁地表达了作者要揭示的管廊工程防水技术的核心与关键问题。通览全书，可发现有众多的专业信息和较充分的背景资料，而内容翔实、通俗，文字简洁、畅达都是易见的特点。所以，读来长见识、有意趣，更解决了管廊工程防水实践中存在已久的许多疑问。总而言之，此书是"金雨伞"防水人和热心于防水的广西大学师生不懈努力的成果，它对管廊防水技术的普及与提高颇有裨益。

或许是因为本人与隧道防水结缘逾五十载，而管廊工程正是隧道工程一大类，自然对管廊防水别有一番兴趣，故而受著者谬爱。俗话说，恭敬不如从命，就此遵嘱为"序"了。

著名地下工程防水专家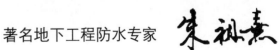

2017 年 2 月

序　二

为加强城市地下管线的建设管理，保障城市安全运行，提高城市综合承载能力和城镇化发展质量，国务院办公厅先后下发了《关于加强城市基础设施建设的意见》（国发［2013］36号）、《关于加强城市地下管线建设管理的指导意见》（国办发［2014］27号）、《关于推进城市地下综合管廊建设的指导意见》（国办发［2015］61号），均要求稳步推进城市综合管廊建设，提高综合管廊建设管理水平。

城市综合管廊工程是重要的生命线工程，所以建设综合管廊一定要高标准、严要求，力争达到当代国际标准。众所周知，由于施工水平、施工环境等问题，造成我国地下工程防水质量偏低、事故频发等问题。城市综合管廊工程具有线长面广、施工难度大、预留孔洞多、地下防水要求高等特点，在工程建设过程中应当高度重视防水的工程质量，正确理解工程防水特点、防水应用维护与结构耐久性、使用安全性的关系，使防水选材、方案设计以及施工管理与工程结构设计交融共济，取得至善至臻的综合效果。

本书基于全密封防水新理念，系统地提出了全密封防水技术——CPS反应粘技术，通过全密封防水系统的推广与应用，让防水变得简单、安全、经济，让防水真正有效，让投资得到回报！这项技术获得了中国专利优秀奖和国家重点新产品等荣誉，将推动我国管廊防水技术的发展。

本书从不同角度反映了管廊工程防水的最新成果，所取得的研究成果具有很大程度的创新性和很强的实用性，是国内第一部全面论述和深入研究管廊工程防水的专著。相信该书的出版，一定能为我国从事管廊工程防水设计、施工、管理和研究的相关人员提供十分有益的帮助，如能因此进一步提高我国管廊工程防水技术水平，防止或减少管廊工程水害事件的发生，将是我最大的期盼。

长江学者奖励计划特聘教授　蒋国雄

2017年2月

前　言

近年来，我国城镇化进程十分迅速，城市快速发展，地下管线建设规模不足、管理水平不高等问题凸现，一些城市相继发生大雨内涝、管线泄漏爆炸、路面塌陷等事件，严重影响了人民群众生命财产安全和城市运行秩序。地下管线事故平均每天高达5～6起，每年由于路面开挖造成的直接经济损失高达2000亿元。作为新的管线敷设方式，综合管廊的建设可以促进统筹协调、节约空间资源、保障城市安全、降低城市运营成本、提高管理水平，提升管线建设水平，保障市政管线的安全运行。

2016年国务院在16个试点城市推广综合管廊，要求确保完成2000千米，争取完成2577千米。目前，我国至少有20个城市已经建有综合管廊，在建和已规划设计综合管廊的城市也多达20余个。国内综合管廊建设除在一线城市迅速发展外，还将逐步扩展至二线城市，近几年全国规划建设管廊12000千米，为世界最大规模管廊建设，因此，我国已成为管廊工程建设的大国，在未来若干年，管廊工程将在我国得到蓬勃发展。

综合管廊就是在城市地下建造的隧道空间工程。日本对部分铁路、公路隧道的通病调查表明，70%的隧道渗漏常见，美国全年因渗漏水腐蚀造成的损失为700亿美元。在我国，据对四川、云南、甘肃的铁路隧道调查，隧道渗漏现象严重，漏水的占50.4%，其中1/3漏水严重。2014年7月，中国建筑防水协会发布的全国建筑渗漏状况调查报告显示，地下建筑渗漏率达到58%。大量案例事实表明，因渗漏水引起混凝土腐蚀、钢筋锈蚀等造成的安全事故和经济损失，其严重程度远大于因结构件承载力安全水准设置偏低带来的危害。渗漏引起的混凝土提前老化和钢筋锈蚀带来的问题是普遍的，造成的损失难以估量。这些事实告诉我们，在地下管廊建设中，防水对其耐久性保障极其重要。因此，安全使用寿命要达到100年的地下管廊建设，水灾害预防是其开发利用的关键问题，防水效果已成为衡量地下管廊工程质量的主要指标，这已成为国内外普遍共识。

防水是依靠具有防水性能的材料来实现的，防水工程的质量在很大程度上取决于防水材料的性能和质量，防水材料是防水工程的基础。由于防水材料的多样性，防水工程的复杂性，防水施工队伍技术水平的差异性，我国管廊工程及地下工程渗漏现象仍然较为普遍。目前防水建材市场上的防水产品性能参差不齐，常见采用的热熔法防水卷材（如 SBS、APP 改性沥青型防水卷材）、胶粘法防水卷材（如 PVC、HDPE、EPDM 等高分子防水卷材）以及自粘防水卷材，这类防水产品都是按国家标准生产的，都有非常好的物理性能，但因大多不适应管廊工程潮湿潮气的地下施工环境，造成铺贴后粘不牢、粘不久，不能形成密封防水层，最终导致窜漏水。

鉴于普通防水材料难以与混凝土结构层有效粘结而导致渗漏的问题，本书系统地提出了全密封防水新技术。该技术是在 CPS 反应粘专利研究成果基础上，经创新开发出的 CPS 反应粘卷材和 CPS 节点防水密封膏的实践应用，CPS 反应粘产品与现浇混凝土和水泥凝胶发生化学交联与物理卯榫协同作用，形成"互穿网络式"界面结构，构筑一个"二元"蠕变抗裂结构防水层，与基面形成粘结不可逆、不受损一体式的防水结构，对防水部位 100% 粘结密封，包括大面积防水密封和细部节点防水密封及其结合，有效解决了目前防水材料与基面粘结力不够大，粘结力不持久，易受环境影响的问题，使"全密封"防水理念得到了完美实现。

全书共分五篇，第一篇为综合管廊工程防水概述，第二篇为百年管廊怕漏水，第三篇为综合管廊工程全密封防水原理，第四篇为综合管廊工程防水十大核心问题，第五篇为综合管廊工程全密封防水方案与案例。各篇具有相对独立性，同时也具有内在逻辑联系。本书由广西大学、广西金雨伞防水装饰有限公司、宁波轨道交通集团公司共同撰写而成，其中，广西大学吴波教授、童伟光副教授、吴冬博士、李静高工以及研究生黄惟、王汪洋、刘宏波等参与了编著；广西金雨伞防水装饰有限公司郭文雄总监、卢海波工程师、何小英工程师参与了编著，广西金雨伞防水装饰有限公司技术团队肖飞、张炳恒、何祖华、陈立斌、赵晓岚、陈晓、王宇、龙雯、黄用安、曹哲虎等也参与了本书的资料收集和内容整理工作；宁波轨道交通集团公司相关负责人何山高工、张付林教授级高工、石雷高工参与了编著。吴波教授、郭文雄总监、何山高工负责了本书的策划和统校工作。

本书承蒙我国著名地下工程防水专家朱祖熹教授级高工和长江学者特聘教授梅国雄教授撰写序言。在本书编著前、编著中朱教授多次勉励，鼓舞不小。朱教授是中国建筑学会防水专家委员会委员，中国建筑防水协会专家（顾问）

委员会副主任，中国建筑工程标准化学会防水专业委员会顾问。五十多年始终从事地下工程防水技术（设计、研究、施工）工作，服务于上海市隧道工程轨道交通设计研究院，为我国隧道与地下工程防水做出了杰出贡献。同时，衷心感谢我国杰出的中青年岩土与地下工程专家梅国雄教授在百忙之中为本书作序。

本书的出版得到了国家自然科学基金项目（51478118，51678164）、广西岩土与地下工程创新团队项目（2016GXNSFGA380008）、广西大学科研基金项目（XTZ160590）、广西特聘专家专项经费（20161103）、福建省自然科学基金项目（2014J01170）的资助，在此深表谢意。

在本书编写过程中，作者参阅了相关文献和研究成果，在此谨向这些文献和研究成果的作者表示感谢。本书的出版得到了相关领导、行业专家、同仁、出版社和合作者的热情帮助，在此向本书出版的参与者、支持者表示由衷的感谢！著名防水专家朱祖熹教授级高工在百忙之中仔细审阅了书稿，提出了许多宝贵意见，在此表示衷心感谢！

鉴于综合管廊工程防水的复杂性，虽然作者在系统性、整体性、前瞻性和实用性等方面付出了极大的努力，但由于水平和时间有限，疏漏与不足之处在所难免，恳请读者批评指正。

著　者

2017 年 2 月

目 录

第一篇 综合管廊工程防水概述 ………………………………………… 1

1.1 综合管廊工程类型 …………………………………………………… 3

1.2 综合管廊工程的意义 ………………………………………………… 5

1.3 综合管廊工程防水现状 ……………………………………………… 7

第二篇 百年管廊怕漏水 …………………………………………………… 9

2.1 地下水渗漏对管廊钢筋混凝土的腐蚀 ……………………………… 11

2.1.1 地下水对管廊结构主体的渗透作用 ………………………… 11

2.1.2 地下水渗漏后对结构的腐蚀类型 …………………………… 12

2.1.3 腐蚀性评价标准 ……………………………………………… 14

2.2 渗漏水对管廊使用的影响 …………………………………………… 17

2.2.1 管廊渗漏水对结构及使用安全影响极大 …………………… 17

2.2.2 管廊渗漏水导致维修成本高、维护难度大 ………………… 18

2.2.3 管廊渗漏水引发的次生灾害影响大 ………………………… 19

第三篇 综合管廊工程全密封防水原理 ………………………………… 21

3.1 综合管廊工程全密封防水理念 ……………………………………… 23

3.1.1 全密封防水理念 ……………………………………………… 23

3.1.2 大面积密封 …………………………………………………… 24

3.1.3 细部节点密封 ………………………………………………… 24

3.1.4 大面积与细部节点相容密封 ………………………………… 25

3.2 综合管廊工程全密封防水机理 ……………………………………… 26

3.3　综合管廊工程全密封防水选材原则 ⋯⋯⋯⋯⋯⋯⋯⋯⋯⋯⋯ 30

第四篇　综合管廊工程防水十大核心问题 ⋯⋯⋯⋯⋯⋯⋯⋯⋯⋯⋯ 35

4.1　综合管廊哪些特点是防水不可忽视的？ ⋯⋯⋯⋯⋯⋯⋯⋯⋯ 37

4.1.1　特点 1：结构防水对象为混凝土 ⋯⋯⋯⋯⋯⋯⋯⋯ 37

4.1.2　特点 2：全埋地下工程 ⋯⋯⋯⋯⋯⋯⋯⋯⋯⋯⋯⋯ 39

4.1.3　特点 3：浅埋地下工程 ⋯⋯⋯⋯⋯⋯⋯⋯⋯⋯⋯⋯ 40

4.2　导致综合管廊渗漏水的原因是什么？ ⋯⋯⋯⋯⋯⋯⋯⋯⋯⋯ 41

4.2.1　管廊漏水的四大直接原因分析 ⋯⋯⋯⋯⋯⋯⋯⋯⋯ 41

4.2.2　窜水渗漏是管廊防水失败的根本原因 ⋯⋯⋯⋯⋯⋯ 43

4.2.3　防水层粘结密封功能的缺失是窜水的根本原因 ⋯⋯ 45

4.3　管廊防水等级设防为几级才更为合理？ ⋯⋯⋯⋯⋯⋯⋯⋯⋯ 46

4.3.1　综合管廊设计防水等级要求 ⋯⋯⋯⋯⋯⋯⋯⋯⋯⋯ 47

4.3.2　管廊防水定级要考虑全寿命周期使用费用因素要求 ⋯⋯ 48

4.4　为什么管廊防水须遵循"外包、柔性、密封"设计原则？ ⋯⋯ 51

4.4.1　混凝土结构刚性易开裂，无法避免 ⋯⋯⋯⋯⋯⋯⋯ 52

4.4.2　管廊需做外包柔性密封防水 ⋯⋯⋯⋯⋯⋯⋯⋯⋯⋯ 53

4.5　为什么说遮挡式防水层不能用于综合管廊？ ⋯⋯⋯⋯⋯⋯⋯ 55

4.5.1　什么是遮挡式防水 ⋯⋯⋯⋯⋯⋯⋯⋯⋯⋯⋯⋯⋯⋯ 55

4.5.2　哪类防水材料在管廊应用中易引起窜漏水 ⋯⋯⋯⋯ 55

4.6　为什么管廊的顶板和侧墙需要做耐根穿刺防水层？ ⋯⋯⋯⋯ 57

4.6.1　管廊耐根穿刺防水层认识误区 ⋯⋯⋯⋯⋯⋯⋯⋯⋯ 57

4.6.2　什么样的耐根穿刺防水层适用于管廊防水 ⋯⋯⋯⋯ 58

4.7　管廊防水设计应规避哪些误区？ ⋯⋯⋯⋯⋯⋯⋯⋯⋯⋯⋯⋯ 61

4.7.1　误区一：防水设计理论与实际脱离，忽视工序配合与
细节管理 ⋯⋯⋯⋯⋯⋯⋯⋯⋯⋯⋯⋯⋯⋯⋯⋯⋯⋯ 61

4.7.2 误区二：防水设计未考虑与地域环境、施工环境相匹配 ┄ 61

4.7.3 误区三：刚性防水材料作为独立防水层用于跨度大的基层

┄┄┄┄┄┄┄┄┄┄┄┄┄┄┄┄┄┄┄┄┄┄┄┄┄┄┄┄┄┄┄┄┄ 62

4.7.4 误区四：防水层做在保温层上面 ┄┄┄┄┄┄┄┄┄┄ 63

4.7.5 误区五：隔层施工 ┄┄┄┄┄┄┄┄┄┄┄┄┄┄┄┄ 63

4.8 管廊工程防水选材误区应如何规避？ ┄┄┄┄┄┄┄┄┄┄┄ 63

4.8.1 误区一：防水材料越厚，防水效果越好 ┄┄┄┄┄┄ 63

4.8.2 误区二：防水材料物理性能指标越高，防水效果越好 ┄ 66

4.8.3 误区三：防水材料单价越低，防水成本越低 ┄┄┄┄ 67

4.9 为什么说防水材料的寿命不等同于管廊防水层的寿命？ ┄┄ 69

4.9.1 防水层寿命的定义 ┄┄┄┄┄┄┄┄┄┄┄┄┄┄ 69

4.9.2 决定防水层寿命的核心因素 ┄┄┄┄┄┄┄┄┄┄ 69

4.9.3 用于管廊防水的 CPS 反应粘卷材特点与使用寿命 ┄┄ 70

4.10 为什么管廊工程防水按规范验收后还是漏水？ ┄┄┄┄┄ 75

4.10.1 规范验收要求与不足 ┄┄┄┄┄┄┄┄┄┄┄┄ 75

4.10.2 实效性验收方法与优点 ┄┄┄┄┄┄┄┄┄┄┄ 75

第五篇 综合管廊工程全密封防水方案与案例 ┄┄┄┄┄┄┄┄ 77

5.1 综合管廊工程全密封防水设计方案 ┄┄┄┄┄┄┄┄┄┄┄ 79

5.1.1 明挖管廊防水构造做法 ┄┄┄┄┄┄┄┄┄┄┄┄ 79

5.1.2 矿山法暗挖施工综合管廊防水设计方案 ┄┄┄┄┄ 87

5.2 综合管廊工程全密封防水施工工艺 ┄┄┄┄┄┄┄┄┄┄┄ 90

5.2.1 材料及工具准备 ┄┄┄┄┄┄┄┄┄┄┄┄┄┄┄ 90

5.2.2 管廊底板施工工艺 ┄┄┄┄┄┄┄┄┄┄┄┄┄┄ 90

5.2.3 保护层施工 ┄┄┄┄┄┄┄┄┄┄┄┄┄┄┄┄┄ 92

5.2.4 管廊侧墙施工工艺 ┄┄┄┄┄┄┄┄┄┄┄┄┄┄ 92

   5.2.5 管廊顶板施工工艺 ························· 95

  5.3 综合管廊工程全密封防水施工管理与验收 ·········· 96

   5.3.1 综合管廊防水施工现场质量保障措施 ·········· 96

   5.3.2 综合管廊防水实效性验收 ················· 101

  5.4 综合管廊工程全密封防水案例 ················· 104

   5.4.1 北京华商电力管道项目 ················· 104

   5.4.2 海南海口综合管廊项目 ················· 105

   5.4.3 长春市地下电力综合管廊项目 ············· 106

   5.4.4 长治综合管廊项目 ··················· 106

   5.4.5 成都三环路电力隧道项目 ··············· 107

   5.4.6 北京通州运河东关大道隧道项目 ··········· 108

   5.4.7 南宁南湖过湖底隧道项目 ··············· 109

   5.4.8 武汉东湖隧道项目 ··················· 110

后 记 ·································· 113

参考文献 ····································· 118

01

第一篇

综合管廊工程防水概述

1.1　综合管廊工程类型

1.2　综合管廊工程的意义

1.3　综合管廊工程防水现状

1.1　综合管廊工程类型

综合管廊（日本称"共同沟"、中国台湾称"共同管道"），就是地下城市管道综合走廊，即在城市地下建造一个隧道空间，将电力、通信、燃气、供热、给排水等各种工程管线集于一体，设有专门的检修口、吊装口和监测系统，实施统一规划、统一设计、统一建设和管理，是保障城市运行的重要基础设施和"生命线"。

综合管廊根据其所容纳的管线不同，其性质及结构亦有所不同，大致可分为干线综合管廊、支线综合管廊及缆线综合管廊。综合管廊类型示意图如图 1-1-1 所示。

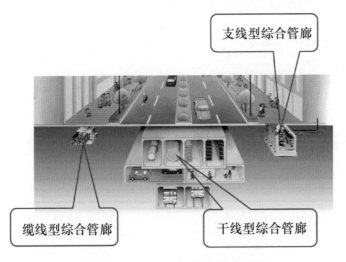

图 1-1-1　综合管廊类型示意图

（1）干线综合管廊

干线综合管廊一般设置于机动车道或道路中央下方，采用独立分舱敷设主干管线的综合管廊，负责向支线综合管廊提供配送服务，主要收容的管线为通信、有线电视、电力、燃气、自来水等，也有的干线综合管廊将雨、污水系统纳入。其特点为：结构断面尺寸大、覆土深、系统稳定且输送量大，具有高度的安全性，维修及检测要求高。干线综合管廊示意图如图1-1-2所示。

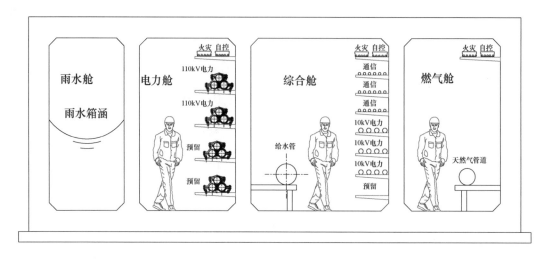

图1-1-2　干线综合管廊示意图

（2）支线综合管廊

支线综合管廊采用单舱或双舱方式建设，用于容纳城市配给工程管线的综合管廊。其特点为：支线综合管廊为干线综合管廊和终端用户之间相联系的通道，一般设于道路两旁的人行道下，主要收容的管线为通信、电力、燃气、自来水等直接服务的管线，结构断面以矩形居多。其特点为有效断面较小，施工费用较少，系统稳定性和安全性较高。支线综合管廊示意图如图1-1-3所示。

（3）缆线综合管廊

缆线综合管廊采用单舱方式建设，设有可开启盖板，但其内部空间不能满足人员正常通行要求，用于容纳电力电缆和通信线缆。缆线综合管廊一般埋设在人行道下，其纳入的管线有电力、通信等，管线直接供应各终端用户。其特点为：空间断面较小，埋深浅，建设施工费用较少，不设有通风、监控等设备，在维护及管理上较为简单。缆线综合管廊示意图如图

1-1-4 所示。

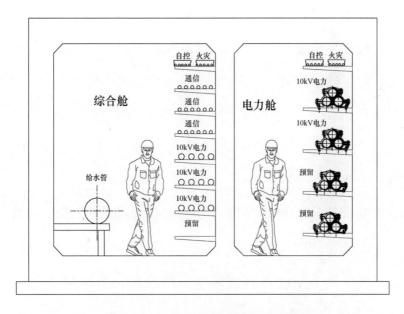

图 1-1-3 支线综合管廊示意图

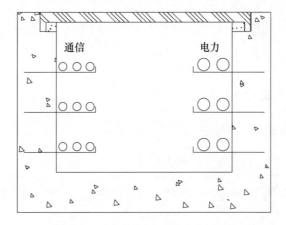

图 1-1-4 缆线综合管廊示意图

1.2 综合管廊工程的意义 ●

近年来，随着城市快速发展，地下管线建设规模不足、管理水平不高等问题凸显，一些城市相继发生大雨内涝、管线泄漏爆炸、路面塌陷等事件，

严重影响了人民群众生命财产安全和城市运行秩序。为此，要把加强城市地下管线建设管理作为履行政府职能的重要内容，统筹地下管线规划建设、管理维护、应急防灾等全过程，综合运用各项政策措施，提高创新能力，全面加强城市地下管线建设管理。

综合管廊是指在城市地下用于集中敷设电力、通信、广播电视、给水、排水、热力、燃气等市政管线的公共隧道，是保障城市运行的重要基础设施。

（1）集约利用地下空间

建设城市综合管廊，可将分散在城市地下的供水、排水、燃气、热力、电力、通信、广播电视等管线及附属设施，以及地面架空线缆等全部纳入，可以集约利用城市地下空间，有效减少空间浪费，发挥城市空间更大作用。

（2）减少路面重复开挖

将各种工程管线集中布置在综合管廊内，能减少对城市道路、绿地的重复开挖，减少管线挖掘事故，也减少了对沿线居民的影响。不仅改善了城市环境，也提升了人民的生活品质。

（3）节约管线建设资金

据测算，短期来看，城市综合管廊建设一次性投资每千米 0.5 亿～1.2 亿元左右，比各管线分散建设一次性投资每千米约 2000 万元的成本要高。但综合管廊全生命周期可达 100 年。长期来看，建设综合管廊：一是避免管线多次建设，提高投资效率；二是方便巡检和维修管线，降低运行损失和运维成本；三是减少由于管线施工引起的交通堵塞、管线安全事故等间接损失。因此，综合来看，建设城市综合管廊比管线直埋节省资金。

（4）保障城市运行安全

近年来，因地下管线引起的泄漏爆炸、路面塌陷、窨井伤人等事件频发，给城市运行安全带来严重隐患。为提高地下管线建设和运行安全水平，保障城市运行安全，应当将管线纳入城市综合管廊，便于加强管线运行维护和安全管理，及时发现和消除问题隐患。

（5）拉动经济稳定增长

建设城市综合管廊，可以有效增加政府和社会投资，稳定经济增长。而且，建设城市综合管廊符合优化投资结构和方向的要求。如果能够落实按照一定道路配建比例，在城市新区新建道路时同步建设城市综合管廊，在旧城更新时统筹建设城市综合管廊，按每千米 0.5 亿 ~ 1.2 亿元投资测算，每年可以形成数千亿元甚至上万亿元规模的直接投资。此外，还可拉动钢材、水泥、机械设备等间接投资以及大量的人力投入，拉动经济增长作用明显。

城市地下空间资源作为城市的自然资源，在经济建设、民防建设、环境建设及城市可持续发展方面具有重要意义。传统的市政管线直埋方式，不但造成城市道路的反复开挖，而且对城市地下空间资源本身也是一种浪费。将各种管线集约化，采用综合管廊的方式建设，是一种较为科学合理的建设模式，综合管廊已经成为衡量城市基础设施现代化水平的标志之一。

1.3　综合管廊工程防水现状

综合管廊的防水工程，即是给钢筋混凝土结构外部"穿上"一件不透水的外衣，确保所有管线能在不漏水的环境下运行。除了结构变形缝、施工缝、穿墙管道、集水坑等土建构造的附加防水措施以外，结构外增设可靠的防水材料，是整个防水工程最重要的部分，承担着综合管廊防渗防漏的主要任务。

地下结构防水设计一般遵循"以防为主、刚柔结合、多道防线、因地制宜、综合治理"的原则。

（1）"以防为主"：主要是以混凝土自防水为主，首先应保证混凝土、钢筋混凝土结构的自防水能力，为此应采取有效的技术措施，保证防水混凝土达到规范规定的密实性、抗渗性、抗裂性、防腐性和耐久性。

（2）"刚柔结合"：采用结构自防水与外包密封的柔性防水层相结合的防水方式。适应结构变形，隔离地下水对混凝土的侵蚀，增加结构防水性、耐久性。

（3）"多道防线"：除了以混凝土自防水为主，提高其抗裂和抗渗性能外，应辅以柔性防水层，并在围护结构的设计与施工中积极创造条件，满足防水要求，达到互补作用，才能实现整体工程防水的不渗、不漏。细部如变形缝、施工缝等同时设多道防水措施。

基于综合管廊的作用和工程所处环境，其防水设防等级为Ⅱ级，含高压电缆和弱电线缆的防水等级为Ⅰ级，并在满足结构安全、耐久性和使用要求的同时，坚持"因地制宜、综合治理"的原则。

综合管廊的主体结构防水一般选用两道柔性防水材料设置在结构迎水面，选用的防水材料为抗拉强度高、耐久性好、适应现场环境、可施工性强、能与混凝土主体结构牢固满粘的柔性密封防水系统。具体施工时，底板宜用空铺，顶板及侧墙满粘铺贴。除主体结构的外包柔性密封防水系统外，局部构造如变形缝选用止水带、防水密封材料、卷材加强层等三种以上防水措施，施工缝采用钢板止水带、遇水膨胀止水条、卷材加强层等两种以上防水措施。

02

第二篇

百年管廊怕漏水

　　管廊渗漏水，形成蓄水管道，人员无法进入内部对各种工程管线进行维护，影响使用功能；管廊渗漏水，会造成昂贵的通信设备、电力设备损坏，漏电、漏气给维护人员带来安全危害，危害生命财产安全；管廊渗漏水，导致钢筋锈蚀，管廊老旧得更快，缩短了使用寿命，危及结构安全。管廊渗漏水危害无穷。

2.1 地下水渗漏对管廊钢筋混凝土的腐蚀

2.2 渗漏水对管廊使用的影响

2.1 地下水渗漏对管廊钢筋混凝土的腐蚀 ————————————————●

2.1.1 地下水对管廊结构主体的渗透作用

自然界的物质在一定的压力下都是透水的。这是因为任何物质都是由许多连续的、彼此间有一定距离的分子组成的。有人曾用 20000 个大气压压缩钢筒中的油，发现油可以透过钢筒壁渗出，这说明钢的分子间有可以让油分子通过的孔隙。为什么在一般情况下水分子不能透过其他物质分子间的孔隙呢？这是因为物质分子间有很大的吸引力，只有水的压力超过分子间的吸引力，才可能从它们中间通过。在实际工程中，水的压力远远小于物质分子间的引力，因此物质分子间孔隙引起渗透是不可能的，但是主体结构混凝土有大量的毛细孔、施工裂隙，在水有一定压力时，就会沿着这些孔隙流动而产生渗透作用，特别是地下工程埋得越深，地下水位越高，地下水由于渗透作用通过混凝土的相对量越大。

主体结构的孔隙，如混凝土结构的毛细孔、裂缝等都很易透水，这犹如砂土孔隙或岩石的微小裂隙透水，因此，地下水对主体结构的渗透作用，也可近似地按照达西定律（Darcy's Law）计算：

$$Q=KF\frac{h}{L} \tag{2-1}$$

式中 Q——单位时间内通过围护结构材料的渗透水量（cm^2/d 或 m^3/d）；

      K——结构材料的渗透系数（cm/s 或 m/d）；

      F——受水压面积（cm^2 或 m^2）；

      h——水头高度（cm 或 m）；

      L——渗透距离（cm 或 m）。

其中，渗透系数 K 值，因衬砌材料不同，数值也不同，混凝土的渗透系数，可根据柯成—格拉玛（Kozeng-Graman）公式计算：

$$K = C \cdot n \cdot r^2 / \eta \qquad\qquad (2-2)$$

式中　n——总孔隙率；

　　　r——毛细孔水力半径；

　　　η——流体的黏度；

　　　C——常数。

从式（2-2）可以看出，渗透系数 K 与总孔隙率成一次方关系，而与毛细孔半径成二次方关系。也就是说：混凝土的孔隙越小，毛细孔半径越小，渗透系数 K 值也就越小。混凝土的渗透系数，一般通过混凝土抗渗试验来测定，它通常在 $2 \times 10^{-6} \sim 2 \times 10^{-5}$ cm/s 之间波动。水泥水化充分、结构致密的防水混凝土渗透系数为 10^{-11} cm/s，与天然致密岩石一样。由于抗渗试验中的渗透高度误差较大，所以混凝土渗透系数 K 在《普通混凝土长期性能和耐久性能试验方法标准》（GB/T 50082—2009）中取消了原先由检测与计算得出的测定值，未列入这项指标。

2.1.2　地下水渗漏后对结构的腐蚀类型

硅酸盐水泥遇水硬化，并且形成 $Ca(OH)_2$、水化硅酸钙 $CaOSiO_2 \cdot 12H_2O$、水化铝酸钙 $CaOAl_2O_3 \cdot 6H_2O$ 等，这些物质往往会受到地下水的腐蚀。根据地下水对建筑结构材料腐蚀性评价标准，将腐蚀类型分为三种。

1. 结晶类腐蚀

如果地下水中 SO_4^{2-} 离子的含量超过规定值，那么 SO_4^{2-} 离子将与混凝土中的 $Ca(OH)_2$ 起反应，生成二水石膏结晶体 $CaSO_4 \cdot 2H_2O$，这种石膏再与水化铝酸钙 $CaOAl_2O_3 \cdot 6H_2O$ 发生化学反应，生成水化硫铝酸钙，这是一种铝和钙的复合硫酸盐，习惯上称为水泥杆菌。由于水泥杆菌结合了许多的结晶水，因而其体积比化合前增大很多，约为原体积的221%。

水泥中 $CaOAl_2O_3 \cdot 6H_2O$ 含量少，抗结晶腐蚀性强，因此，要想提高水泥的抗结晶腐蚀性，主要是控制水泥的矿物成分。

2. 分解类腐蚀

地下水中含有 CO_2 和 H^+，CO_2 与混凝土中的 $Ca(OH)_2$ 作用，生成碳酸钙沉淀。

$$Ca(OH)_2 + CO_2 = CaCO_3\downarrow + H_2O$$

由于 $CaCO_3$ 不溶于水，它可填充混凝土的孔隙，在混凝土周围形成一层保护膜，能防止 $Ca(OH)_2$ 的分解。但是，当地下水中 CO_2 的含量超过一定数值，而 HCO_3^- 离子的含量过低时，则超量的 CO_2 再与 $CaCO_3$ 反应，生成碳酸氢钙，即重碳酸钙 $Ca(HCO_3)_2$，并溶于水，即：

$$CaCO_3 + CO_2 + H_2O = Ca(HCO_3)_2$$

上述这种反应是可逆的：当 CO_2 含量增加时，平衡被破坏，反应向右进行，固体 $CaCO_3$ 继续分解；当 CO_2 含量变少时，反应向左移动，固体 $CaCO_3$ 沉淀析出。当 CO_2 的浓度平衡时，反应就停止。所以，当地下水中 CO_2 的含量超过平衡时所需的量时，混凝土中的 $CaCO_3$ 就被溶解而混凝土结构受腐蚀，这就是分解类腐蚀。我们将超过平衡浓度的 CO_2 称为侵蚀性 CO_2。地下水中侵蚀性 CO_2 越多，对混凝土的腐蚀越强。地下水流量、流速都很大时，CO_2 易补充，平衡难建立，因而腐蚀加快。另一方面，H^+ 离子含量越高，对混凝土的腐蚀性越强。

如果地下水的酸度过大，即 pH 值小于某一数值，那么混凝土中的 $Ca(OH)_2$ 也要分解，特别是当反应生成物为易溶于水的氯化物时，对混凝土的分解腐蚀很强烈。

3. 结晶分解复合类腐蚀

当地下水中 Cl^- 和 Mg^{2+} 离子的含量超过一定数量时，与混凝土中的 $Ca(OH)_2$ 发生反应，例如：

$$MgSO_4 + Ca(OH)_2 = Mg(OH)_2 + CaSO_4$$

$$MgCl_2 + Ca(OH)_2 = Mg(OH)_2 + CaCl_2$$

$Ca(OH)_2$ 与镁盐作用的生成物中，除 $Mg(OH)_2$ 不易溶解外，$CaCl_2$ 易溶于水，并随之流失；硬石膏 $CaSO_4$ 与混凝土中的水化铝酸钙反应生成水泥杆菌：

$$3CaO \cdot Al_2O_3 \cdot 6H_2O + 3CaSO_4 + 25H_2O = 3CaO \cdot Al_2O_3 \cdot 3CaSO_4 \cdot 31H_2O$$

另一方面，硬石膏遇水后生成二水石膏：

$$CaSO_4 + 2H_2O = CaSO_4 \cdot 2H_2O$$

二水石膏在结晶时体积膨胀，破坏混凝土的结构。

综上所述，地下水对混凝土建筑物的腐蚀是一项复杂的物理化学过程，在一定的工程地质与水文地质条件下，对建筑材料的耐久性影响很大。

2.1.3 腐蚀性评价标准

1. 混凝土腐蚀的环境类别

根据各种化学腐蚀所引起的破坏作用，将离子的含量归纳为结晶类腐蚀性的评价指标；将侵蚀性 CO_2 和 pH 值归纳为分解类腐蚀性的评价指标；而将 Mg^{2+}、Cl^- 离子的含量作为结晶分解类腐蚀性的评价指标。同时，在评价地下水对建筑结构材料的腐蚀性时必须结合建筑场地所属的环境类别。建筑场地根据气候区、土层透水性、干湿交替和冻融交替情况分为三类环境，见表 2-1-1。

表 2-1-1 混凝土腐蚀的场地环境类别

环境类别	气候区	土层特性	干湿交替		冰冻区（段）
I	高寒区 干旱区 半干旱区	直接临水，强透水土层中地下水，或湿润的强透水土层	有	混凝土不论在地面或地下，无干湿交替作用其腐蚀强度比有干湿交替作用时相对要低	混凝土不论在地面或地下，当受潮或浸湿，并处于严重冰冻区（段）、冰冻区段，或微冰冻区（段）
II	高寒区 干旱区 半干旱区	弱透水土层中的地下水或湿润的强透水土层	有		
	湿润区 半湿润区	直接临水，强透水土层中的地下水，或湿润的强透水土层	有		
III	各气候区	弱透水土层	无		不冻区（段）
备注	当竖井、隧洞、水坝等工程的混凝土结构一面与水（地下水或地表水）接触，另一面又暴露在大气中时，其场地环境分类应划分为 I 类				

2．地下水对建筑材料腐蚀性评价标准

根据《岩土工程勘察规范》（GB 50021—2001，2009 年版）的规定，地下水对建筑材料腐蚀性评价标准见表 2-1-2 ～ 表 2-1-4。

表 2-1-2 结晶类腐蚀评价标准

腐蚀等级	SO_4^{2-} 中含量（mg/L）		
	I 类环境	II 类环境	III 类环境
微腐蚀性	<200	<300	<500
弱腐蚀性	200 ～ 500	300 ～ 1500	500 ～ 3000
中腐蚀性	500 ～ 1500	1500 ～ 3000	3000 ～ 6000
强腐蚀性	>1500	>3000	>6000

表 2-1-3　分解类腐蚀评价标准

腐蚀等级	pH		侵蚀性 CO_2（mg/L）		HCO_3^-（mmol/L）
	A	B	A	B	A
微腐蚀性	>6.5	>5.0	<15	<30	>1.0
弱腐蚀性	6.5 ~ 5.0	5.0 ~ 4.0	15 ~ 30	30 ~ 60	1.0 ~ 0.5
中腐蚀性	5.0 ~ 4.0	4.0 ~ 3.5	30 ~ 60	60 ~ 100	<0.5
强腐蚀性	<4.0	<3.5	>760	—	—
备注	A——直接临水，或强透水土层中的地下水，或湿润的强透水土层。 B——弱透水土层的地下水或湿润的弱透水土层				

表 2-1-4　结晶分解复合类腐蚀评价标准

腐蚀等级	I 环境		II 环境		III 环境	
	$Mg^{2+}+NH_4^+$	$Cl^-+SO_4^{2-}$ $+NO_3^-$	$Mg^{2+}+NH_4^+$	$Cl^-+SO_4^{2-}+NO_3^-$	$Mg^{2+}+NH_4^+$	$Cl^-+SO_4^{2-}+NO_3^-$
	mg/L					
微腐蚀性	<1000	<3000	<2000	<5000	<3000	<10000
弱腐蚀性	1000 ~ 2000	3000 ~ 5000	2000 ~ 3000	5000 ~ 8000	3000 ~ 4000	10000 ~ 20000
中腐蚀性	2000 ~ 3000	5000 ~ 8000	3000 ~ 4000	8000 ~ 10000	4000 ~ 5000	20000 ~ 30000
强腐蚀性	>3000	>8000	>4000	>10000	>5000	>30000

　　应该指出的是：目前的《混凝土结构耐久性设计规范》（GB/T 50457—2008）也正是按照上面三个表的腐蚀评价标准对不同环境作用等级加以划分的。而腐蚀等级为微腐蚀性时，就作一般环境类别对待了。

3．裂缝渗水及在腐蚀条件下的发展

　　有关文献指出，当钢筋混凝土裂缝宽度在 0.2 ~ 0.3mm 时，一般不会影响结构承载力，但认为它的防水能力值得探讨。理由是根据调查资料，由裂缝引起的各种不利后果中，渗漏水占 60%。从物理概念上说，水分子的直径约 0.3nm（0.3×10^{-6}mm），可穿过任何肉眼可见的裂缝，所以从理论上讲防水结构体是不允许有裂缝的。

试验证实，在一定压力下，一个宽度为 0.12mm 的裂缝，开始每小时漏水量 500mL，一年后每小时漏水只有 4mL。另一个试验，裂缝宽 0.25mm，开始漏水量每小时 10000mL，一年后每小时漏水只有 10mL。说明裂缝除有自愈现象外，还有自封现象，即 0.1～0.3mm 的裂缝虽然不能完全胶合，但可逐渐自封。

根据上述试验，又有人认为一般微细裂缝并不会引起结构物的渗漏，因此就没有必要采取防水或封堵措施。但实际情况又并不完全是这样，我们既要看到混凝土的微细裂缝有自愈和自封的现象；同时也要看到，由这些裂缝带来的一些难以预料的负面影响。混凝土结构一旦出现裂缝，就会引起渗漏水，随着时间的推移，该结构在各种荷载外力和内力的不利条件下，尤其在上述各类腐蚀环境下，混凝土裂缝还会逐渐扩大，渗漏水程度也会进一步加剧。而带有侵蚀性介质的地下渗水，还会带来钢筋的腐蚀、膨胀，进而出现混凝土的剥落、承载力降低和寿命缩短等问题。因此，应建立起"把劣化构件或构件的性能恢复到设计使用水准以上"的防水、补漏的概念。

2.2　渗漏水对管廊使用的影响

2.2.1　管廊渗漏水对结构及使用安全影响极大

近年来，随着城市快速发展，地下管线建设规模不足、管理水平不高等问题凸显，一些城市相继发生大雨内涝、管线泄漏爆炸、路面塌陷等事件，严重影响了人民群众生命财产安全和城市运行秩序。城市管廊一旦发生渗漏水，对管廊本身结构安全、生产运营造成的影响是无法估计的。

（1）管廊渗漏水，引发城市"瘫痪"

综合管廊是指在城市地下用于集中敷设电力、通信、广播电视、给水、

排水、热力、燃气等市政管线的公共隧道，是保障城市运行的重要基础设施。这也就意味着，一旦管廊渗漏水，引发管廊内任一设备运营存在风险或者诱发事故，都有可能引发城市"瘫痪"，造成整个城市停水停电停燃气，更有甚者会造成城市爆炸等安全事故。

（2）管廊渗漏水，城市安全无法保障

建设城市综合管廊，将分散辐射在城市地下的供水、排水、燃气、热力、电力、通信、广播电视等管线及附属设施，以及地面架空线缆等全部纳入。电缆遇到水，就有可能诱发火灾，而燃气遇到火，则极可能引发爆炸。这种不安全因素的根源就在水，一旦管廊渗漏水，城市安全根本无法保障。

近年来，因地下管线引起的泄漏爆炸、路面塌陷、窨井伤人等事件频发，给城市运行安全带来严重隐患。那么，在城市管廊建设过程中，重视防水，将是解决这一问题的有效措施。

（3）管廊渗漏水，设备运营受影响

在城市综合管廊中，辐射的有供水、排水、燃气、热力、电力、通信、广播电视等管线及附属设施，以及地面架空线缆等城市的各种"动静脉"，可以说地下管廊，就等于城市的"血脉"。一旦城市管廊渗漏水，任一设备的非正常运行，都将影响到整个城市的运行，任一设备受到渗漏水影响造成运营失败，在修理过程中，都会造成整个城市运营设备停运，从而造成整体运营受影响。

2.2.2 管廊渗漏水导致维修成本高、维护难度大

综合管廊是21世纪新型城市市政基础设施建设现代化的重要标志之一。加快推进综合管廊建设，统筹各类市政的管线规划、建设和管理，可以解决反复开挖路面、架空线网密集、管线事故频发等问题，还可以保障城市安全，完善城市工程，美化城市景观，促进城市集约高效和转型发展。

但同时，一旦城市管廊渗漏水，维修成本也是难以估计的，而且维修成本极高。

（1）维修成本高，维修责任主体难划分

据测算，短期来看，城市综合管廊建设一次性投资每千米 0.5 亿～1.2 亿元左右，比各管线分散建设一次性投资每千米约 2000 万元的成本要高。但综合管廊全生命周期可达 100 年。但这个生命周期是建立在安全可靠的基础上的，一旦城市管廊发生渗漏水，维修成本巨高。按照防水渗漏一般维修成本是新建成本的 5 到 10 倍计算，管廊维修成本巨高。

同时，由于整个管廊设施主体繁多，在维修过程中，维修责任主体难以划分，一旦发生渗漏水，城市管廊存在被废弃的可能性。

（2）维修难度高，维修周期难以估计

在城市综合管廊中，有供水、排水、燃气、热力、电力、通信、广播等管线及附属设施。一旦发生渗漏水，整个管廊需要维修，不仅需要协调相关部门的专业人士对整个管廊内设施进行检修，还需要对整体设施进行转移，从而对管廊进行维修，在这个过程中，维修难度高，维修周期更是难以估计。

（3）路面反复开挖，影响交通出行

在城市建设过程中，最受人唾弃的就是路面反复开挖，造成交通堵塞，影响市民的出行，而城市管廊建设也是为了更好的解决这一问题。但是如果城市管廊发生渗漏水，这一影响将进一步加大。由于城市管廊内设施繁多，维修周期长等特点，一旦城市管廊需要维修，地面反复开挖，且周期长，市民出行将大受影响。

2.2.3 管廊渗漏水引发的次生灾害影响大

近年来，随着城市快速发展，地下管线建设规模不足、管理水平不高

等问题凸显，一些城市相继发生大雨内涝、管线泄漏爆炸、路面塌陷等事件，严重影响了人民群众生命财产安全和城市运行秩序。而在城市管廊建设过程中，各类管线组合在一起，容易发生干扰事故，如电力管线打火就有引发燃气爆炸的危险，一旦发生渗漏水，引发的次生灾害影响更大。

（1）各主体相互干扰，诱发爆炸等安全事故

城市管廊发生渗漏水，从而造成电力管线出现电火花，电火花烧坏燃气管道，造成燃气爆炸，从而造成整个城市发生连环地下管廊爆炸。这不是危言耸听，而是在城市管廊建设中，实际存在的危害。像这类的次生灾害性事故，还有很多，比如管廊渗漏水，造成整个管廊内设备失常，管廊内各个设施相互干扰，造成火灾、水灾、爆炸等事故。

（2）各设施相互影响，造成城市无法正常运行

众所周知，各个管线是城市的"血脉"，城市管廊建设等于将各个"血脉"汇成了一条"大动脉"。一旦城市管廊发生渗漏水，城市"大动脉"停止运行，那么整个城市将受到严重威胁，有可能造成停水、停电、停燃气、停通信等，整个城市进入一种"瘫痪"状态，从而诱发各种犯罪等次生事故。

03 第三篇
综合管廊工程全密封防水原理

综合管廊防水注重的是对混凝土结构的保护，除了采取结构自防水，主体结构还必须采用柔性防水层，刚柔相济才能达到最佳防水效果。普通的柔性防水层是遮挡式防水，遮挡式防水层与结构层之间无法做到满粘密封。综合管廊结构所承受的水环境不再是从高注下的流水，而是360°全方位的静水压，水是排不掉的，稍有破损，就会窜水导致整个系统失败。所以综合管廊需要全密封防水。全密封防水就是对防水部位100%粘结密封，包括大面积的防水密封（如顶板、侧墙、底板等）和细部节点的防水密封（如穿墙管、抗浮锚杆等），以及大面积与细部节点相容密封。

3.1 综合管廊工程全密封防水理念

3.2 综合管廊工程全密封防水机理

3.3 综合管廊工程全密封防水选材原则

3.1　综合管廊工程全密封防水理念 --------------------------------●

3.1.1　全密封防水理念

现实中可选择的防水材料越来越多，但是，渗漏率却越来越高。方案是好的，材料是好的，最终验收也通过了，可最后还是漏水了。投入了大量的人力物力，还是渗漏得这么严重，到底是什么原因造成的？关键是防水材料与混凝土无法形成持久牢固的密封粘结导致的渗漏水。混凝土建筑只有全密封防水才能做到安全防水。现代混凝土建筑，特别是管廊结构的建筑要想安全防水，必须每一个部位都要密封，这需要防水层除了具有单一的强度、延伸率、不渗水等物理性能外，还要求防水层具备与混凝土建筑各防水部位有效粘结的全密封防水功能。

全密封防水 = 外包 + 柔性 + 密封，如图 3-1-1 所示。

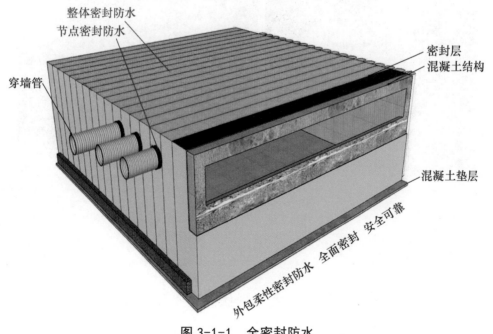

图 3-1-1　全密封防水

■ 外包：防水层做到结构的外面，保护结构"安全"免受水害侵蚀。

■ 柔性：二元蠕变抗裂，避免结构变形、开裂破坏防水层。

■ 密封：大面积密封、节点密封、大面积与节点相容密封，系统性解决窜水。

3.1.2 大面积密封

大面积整体防水的关键是避免窜漏水。要想做到安全有效，防水材料必须具备主动与混凝土基础粘结的功能，即防水材料跟混凝土持久牢固粘结，甚至与混凝土"长"在一起，有效地阻止"窜水"现象发生，保证防水系统的有效性。混凝土建筑大面积整体密封防水，还应选择柔性密封防水层，既要适应现场潮湿潮气的施工环境，更要具备伏贴性，使防水层能依混凝土结构变化密闭伏贴在结构层上，对混凝土结构的每个部位实现100%密封。如图3-1-2所示。

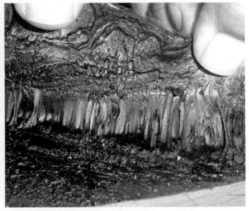

图 3-1-2　大面积密封

3.1.3 细部节点密封

细部节点部位是渗漏水重灾区。现代混凝土建筑设有各种管道、线路，安装有各种设备基座，这些管道、线路、设备基座往往穿透混凝土结构面，形成防水薄弱部位，成为漏水的重灾区。

　　节点部位界面多，且多为刚性材质界面，材质膨胀系数不一样，在温湿度等环境循环变化影响下，结构界面处易开裂，产生渗漏水。因此，细部节点密封防水材料需具备三个特性：能在复杂的环境下施工，比如异形的结构、潮湿潮气的结构面以及狭小的作业空间等；能同时与混凝土、塑料、金属等常用的建筑材料形成密封粘结；应具备很好的柔性和弹性，适应刚性界面收缩膨胀产生的应力破坏，特别是管根部位因振动产生的微裂缝破坏。如图 3-1-3 所示。

图 3-1-3　细部节点密封

3.1.4　大面积与细部节点相容密封

　　混凝土建筑大面积整体部位和细部节点部位实现密封之后，二者的衔接部位仍然存在渗漏隐患。如大面积整体防水层与细部节点部位的防水层未能有效融合，水还能在两个防水层之间窜流。这种现象在工程中非常普遍，一个工程选用多种不同材质的防水材料，不同材质的防水材料如果不是相容性好，很难融合形成一个整体防水层，导致防水工程选用的防水材料品种越多，渗漏水越严重。因此，同一个防水工程要选择相容性好的防水材料。只有大面积和节点都有效密封了，同时两个部位的防水层有效融合了，

才能真正构成全密封防水系统。如图 3-1-4 所示。

图 3-1-4　大面积与细部节点相容密封

3.2　综合管廊工程全密封防水机理

防水材料的防水基本原理是通过自身的疏水性能和致密的物理结构，阻止水分侵入被防对象体内。但由于普通防水材料在施工过程中难以避免产生破损，如果材料没有与基面满粘，或满粘后容易受环境湿热因素的影响产生脱粘附，而导致窜水现象发生，会使整个防水系统失效。因而防水材料特别是防水卷材要发挥其防水功能就要解决其与基面的粘结关系。

针对传统防水材料难以与无机的混凝土结构层牢固满粘密封，从而出现"窜水"的渗漏难题，广西金雨伞防水装饰有限公司首创 CPS 反应粘核心技术，解决防水材料与混凝土无法持续粘结的难题，该技术可使 CPS 反应粘结型湿铺防水卷材与混凝土结构层 100% 密封粘结。

CPS 反应粘防水材料与混凝土的粘结实际上是一种界面粘结技术，通过对防水材料与水泥浆料发生化学反应作用的机理进行深入研究表明，两者之间的粘结作用主要有：物理吸附作用、物理卯榫作用和化学交联作用。

目前常规防水材料与混凝土的粘结作用主要是物理吸附与卯榫作用，粘结强度低且有粘结可逆性等缺陷。CPS 反应粘防水材料中的活性成分能与水泥素浆或现浇混凝土中的水泥凝胶发生物理卯榫与化学交联的协同作用（Chemical Bonding and Physical Crosslinking Synergism，简称 CPS），形成"互穿网络式"的界面结构，从而达到结合紧密、牢固、不可逆的骨肉相连式粘结效果，相比于市售常规产品，该产品具有 100% 密封粘结且粘结不可逆等优点。CPS 反应粘结型防水卷材与水泥砂浆粘结后的剥离强度大于国家标准 GB/T 23457—2009 的 2 倍，这是普通防水材料难以达到的。

表 3-2-1　普通自粘改性沥青防水卷材与 CPS 反应粘结型湿铺防水卷材性能对比

名称	耐水煮	与水泥砂浆同步固化粘结剥离强度（24h，N/mm）	与水泥砂浆浸水后剥离强度（N/mm）
普通自粘改性沥青防水卷材	1h 完全脱落	1.6	0.5 并 80% 脱落
CPS 反应粘结型湿铺防水卷材	5h 无脱落	4.3 并 100% 内聚破坏	2.5 并 100% 内聚破坏

通过加入稳定剂、桥联剂或者通过在聚合物分子中引入活性官能团等方法使沥青与聚合物改性剂在共混过程中发生交联等化学反应，在沥青与聚合物上引入化学键，并使其具有蠕变功能，能对产生的微小破损进行自修复，并能在温度和负压的作用下，蠕变到混凝土的毛细孔隙中与混凝土产生物理吸附和卯榫粘结作用，化学活性基团的引入减小了 CPS 反应粘改性胶料的润湿接触角，促进反应。CPS 反应粘防水卷材与基面反应粘结后，界面反应密封层随基面同步运动，而密封层以上的 CPS 反应粘改性胶、高分子片材等几乎静止，从而避免了因基面运动、开裂导致对防水卷材的破坏，

图 3-2-1、图 3-2-2 直观地阐述了 CPS 反应粘核心技术的稳定性和蠕变粘结性。

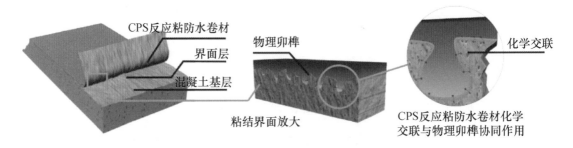

图 3-2-1　CPS 反应粘防水卷材粘结原理示意图

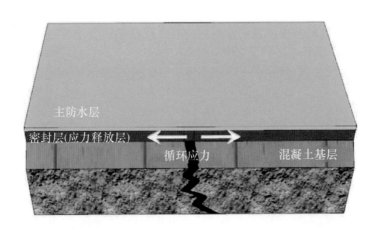

图 3-2-2　反应粘卷材"二元"结构防水层有效防御开裂渗漏

一般普通硅酸盐水泥初凝时间不低于 45min，终凝时间不迟于 10h，现浇混凝土或水泥凝胶的化学反应基本在这个时段内完成，CPS 反应粘防水卷材在 6 ~ 8h 便可与其形成有效粘结，粘结强度随着水泥固化时间的延长有所增加。当水泥固化的环境温度高于 30℃时，卷材在 48h 左右粘结强度可达到峰值，粘结后剥离强度不小于 4.0N/mm，最大可达 8.0N/mm。

图 3-2-3 为掺有不同含量硅烷偶联剂 KH-550 的水泥浆料中的 29Si 固体核磁共振谱图，浆料中偶联剂的掺量为：（A0）纯偶联剂、（A1）0、（A2）0.5%、（A3）1.0%、（A4）2.0%、（A5）5.0%。从图中可以看出，当硅烷

偶联剂 KH-550 添加量为 0.5% 和 1.0% 时，29Si 的峰位基本没有发生变化，可能的原因是当硅烷偶联剂 KH-550 的含量太低时，即便 Si 原子周围的化学环境发生了变化，由于信号太弱也非常难检测出来。而当硅烷偶联剂 KH-550 添加量为 2.0% 和 5.0% 时，29Si 的峰位发生较明显的向右偏移，这说明当硅烷偶联剂 KH-550 的含量达到一定值时，Si 原子的化学环境变化能够检测出来，而且峰位的偏移，很有可能是由于硅烷偶联剂 KH-550 与水泥水化颗粒之间发生化学反应，从而形成了新的化学键引起的。

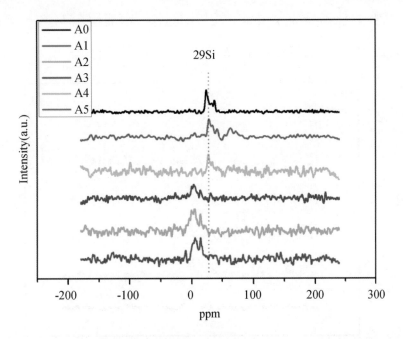

图 3-2-3　不同含量硅烷偶联剂水泥浆料中的 29Si 固体核磁共振谱

图 3-2-4 为 CPS 反应粘结型湿铺防水卷材与水泥浆料反应界面层的 29Si 固体核磁共振谱，卷材中偶联剂的掺量为:(B1)0、(B2)0.5%、(B3)1.0%、(B4) 2.0%、(B5) 5.0%。从图中可以看出，未掺有反应活性成分——偶联剂的 CPS 反应粘结型湿铺防水卷材与水泥浆料反应界面层样品仅在 32ppm 处出现了一个共振峰（ B1 样品）。而含有反应活性成分——偶联剂的 CPS 反应粘结型湿铺防水卷材与水泥浆料反应界面层（ B2、B3、B4 和 B5)的

核磁共振峰有两个主要变化：

①其主要共振峰大约在25ppm处，与未含有偶联剂的样品相比，该处的峰发生了向左的偏移。

②在58ppm和74ppm处出现了两个新的共振峰，并且随着偶联剂含量的增加,这两个共振峰都呈现出增强的趋势。这些都说明,反应活性成分——偶联剂的添加，能够使CPS反应粘结型湿铺防水卷材与水泥浆料反应界面层中的29Si的化学环境发生明显的变化。再结合上组单纯加不同含量偶联剂的水泥浆料的核磁数据分析，进一步证实了水泥浆料与CPS反应粘结型湿铺防水卷材之间确实发生了化学反应，形成了新的化学键。

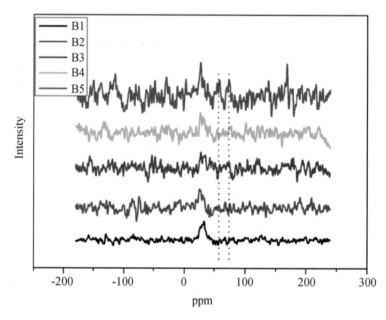

图3-2-4　CPS反应粘结型湿铺防水卷材与水泥浆料反应界面层的29Si固体核磁共振谱

3.3　综合管廊工程全密封防水选材原则 ----------------●

管廊工程全埋于地下,要做到全密封防水,选材时应满足三个基本原则。

原则一：可施工（复杂环境可施工）

可在潮湿潮气、不平整、不干净的基面施工；可在多界面、复杂结构部位施工；干的基面可施工，湿的基面也可施工，非职业工人简单培训都可施工。

原则二：能密封（能与基面牢固粘结，形成密封层，避免窜漏水）

大面积防水层与大面积混凝土基面牢固满粘、持久密封；节点防水层能同时与混凝土基面，以及与混凝土连接的金属、橡胶、塑料、陶瓷等构件牢固满粘、持久密封。

原则三：要简单（同一工程防水材料种类越少，质量越可控）

材料种类少，防水层材质结点少，材料相容风险小，则漏水隐患小；材料种类少，工艺单一，工人容易掌握。

大面积密封防水层应同时具备两个条件：

条件1：有密封层

①在混凝土基面潮湿、有水汽、不平整、不干净的条件下均能有效粘结不窜水。

②防水层与混凝土形成致密的界面层，即使主防水层遭破损也不会渗漏。

③防水层与混凝土粘结牢固，受温度变化、酸碱盐腐蚀、结构运动、紫外线照射、湿汽循环等影响也不松脱、不空鼓。

有无密封层效果对比，如图3-3-1所示。

条件2：主防水层

①具有较好的物理性能：拉力、延伸率、抗破损、高低温等。

②具有较好的化学性能：耐酸碱盐、耐紫外线、耐微生物等。

③具有较好的施工操作性：柔韧伏贴，在阴阳角及管根、桩头等部位

都能有效铺贴。

有无主防水层效果对比，如图 3-3-2 所示。

有密封层　　　　　　　　　　　　　　　　无密封层

图 3-3-1　有无密封层效果对比

有主防水层　　　　　　　　　　　　　　　　无主防水层

图 3-3-2　有无主防水层效果对比

节点密封防水层应同时具备三个条件。

条件 1：与多种材质界面同时粘结密封（图 3-3-3 ～ 图 3-3-5）

① 能同时与混凝土、塑料、金属等常用建筑材料粘结。

② 与不同材料基面粘结强度大于自身内聚力。

③ 即使密封防水材料本体破坏，粘结界面是完整的，仍能保持密封防水。

图 3-3-3　与多种材质界面同时粘结

图 3-3-4 本体破坏密封层完整

图 3-3-5 普通涂料不能密封粘结

条件 2：与大面积防水层相容密封

混凝土建筑大面积部位和细部节点部位实现密封之后，二者的衔接部位仍然存在渗漏隐患。只有两种防水层同材质、同属性，相容性好，才能有效粘结密封，同一工程选用材料越少越好，如图 3-3-6 ～ 图 3-3-7 所示。

条件 3：复杂环境易施工，有很好的弹性、柔性

① 能在复杂环境下施工，比如异形的结构、潮湿潮气的结构面、狭小的作业面等。

② 具备很好的弹性和柔性，适应刚性界面因收缩膨胀产生的应力破坏。

环境适应性强等特点，如图 3-3-8、图 3-3-9 所示。

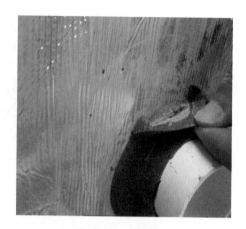

图 3-3-6 大面积与节点相容牢固粘结　　图 3-3-7 传统防水材料相容性差分层脱离

图 3-3-8 复杂结构施工方便、干也能施工湿也能施工、涂层厚度随意控制

图 3-3-9 粘结牢固、弹性好、延伸率高

04

第四篇

综合管廊工程防水十大核心问题

4.1　综合管廊哪些特点是防水不可忽视的?

4.2　导致综合管廊渗漏水的原因是什么?

4.3　管廊防水等级设防为几级才更为合理?

4.4　为什么管廊防水须遵循"外包、柔性、密封"设计原则?

4.5　为什么说遮挡式防水层不能用于综合管廊?

4.6　为什么管廊的顶板和侧墙需要做耐根穿刺防水层?

4.7　管廊防水设计应规避哪些误区?

4.8　管廊工程防水选材误区应如何规避?

4.9　为什么说防水材料的寿命不等同于管廊防水层的寿命?

4.10 为什么管廊工程防水按规范验收后还是漏水?

4.1 综合管廊哪些特点是防水不可忽视的？

综合管廊均为钢筋混凝土结构，多以浅埋方式敷设于道路干道或两旁，管廊结构不仅处于 360° 全方位泡水的环境中，而且管廊结构还会受到道路上车辆荷载震动的影响，长条形的管廊结构容易产生裂缝，形成渗水通道。同时浅埋式的管廊还会受到植物根系生长的侵蚀，根系会顺着渗水通道生长，进一步破坏管廊结构，加速管廊结构老化。这些特点都是在管廊防水设计与施工过程中不可忽视的因素，只有对这些特点对症下药、因地制宜，才能做出不漏水的管廊防水系统。

4.1.1 特点 1：结构防水对象为混凝土

综合管廊均为钢筋混凝土结构，混凝土结构具有不密实性（渗水性）、开裂性以及裂缝的动态性，对结构的防水特性有了充分的了解后，才能做好预设防水方案。

（1）不密实性、渗漏性

混凝土振捣不密实产生蜂窝孔隙，是混凝土现场浇筑作业质量难控的通病。虽然通过改善混凝土配合比、提高装备水平、加强管理等措施可以提高混凝土密实度，但无法实现 100% 密实，因此，混凝土客观存在的微细孔隙易导致渗漏水。如图 4-1-1 所示。

物质的组成间是有间隙的，自然界的物质在一定压力下，液体物质是可以透过的，但透过的系数不一样。实验证明，密实度再好的钢管在 2000 个大气压下仍会出现渗油现象。所以对于密实度差，孔隙率高的混凝土，静水压作用易导致渗漏水，而且静水压越大就越容易渗透穿过混凝土的毛

细孔、微细裂缝。如图 4-1-2 所示。

图 4-1-1　显微镜下混凝土孔隙率高达 25%

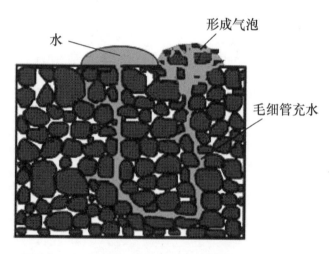

图 4-1-2　混凝土毛细孔渗透示意图

（2）开裂性、裂缝的动态性

混凝土结构受温差变化、湿热循环、干湿变化、荷载震动等各种因素影响，使刚性混凝土产生不规则裂缝，而且裂缝是动态的。水会顺着裂缝进入结构腐蚀混凝土和锈蚀钢筋，穿过结构造成渗漏，影响建筑的安全使用。

如图 4-1-3 ～ 图 4-1-4 所示。

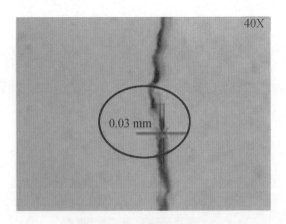

图 4-1-3　混凝土动态裂缝

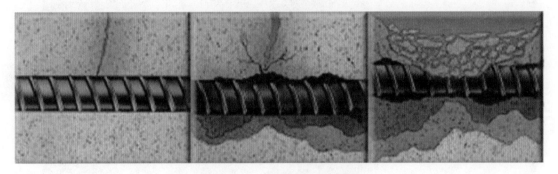

图 4-1-4　钢筋锈蚀过程图

4.1.2　特点 2：全埋地下工程

（1）地下水及地表水的双重侵蚀不可避免

管廊防水的目的就是保护混凝土结构不受水害侵蚀，防水的对象就是混凝土结构本体，管廊工程结构常常处于 360° 全方位泡水的环境中，水对混凝土构件会产生持续性腐蚀，全埋管廊面临地下水和地表水的双重侵蚀。复杂介质成分的水对混凝土结构表面的侵蚀犹如水滴石穿，尤其北方寒冷地区水对混凝土结构表面的冻融剥落和沿海盐碱严重的溶淅腐蚀等，使混凝土遭受抽丝剥茧一般的损害。

（2）防水湿环境作业

管廊作为地下工程，防水施工作业环境较为复杂，施工基层多潮湿、潮气。防水施工基面潮湿潮气甚至有明水、基面不平整且粉尘浮浆多、交叉作业破坏严重等不利情况已是常态。这就是遮挡式防水层无法在地下管廊工程中起到防水防护的根本原因。遮挡式防水层一般采用热熔法、胶粘法、自粘法施工，因其要求基面干燥、干净、平整，管廊潮湿的现场无法满足要求，导致其无法在此类环境下施工，更无法发挥防水功效。如图4-1-5所示。

图 4-1-5　管廊地下富水环境，多潮湿、潮气、多粉尘

4.1.3　特点 3：浅埋地下工程

现行的管廊一般为浅埋工程，特别是北方地区，一旦渗漏水，管廊结构容易遭受到冻融循环破坏，随时间推移降低结构强度，甚至会造成管廊结构整体破坏。同时长条状的管廊会受到道路上行驶车辆荷载震动的影响，更容易产生裂缝，且裂缝是动态变化的，形成渗水通道。现行管廊多沿城

市干道或干道两侧建设，会受到植物根系侵蚀，根系会顺着渗水通道生长进一步破坏管廊结构，加速管廊结构老化，所以管廊的顶板和侧墙应选用具有耐根穿刺功能的柔性防水材料。

4.2 导致综合管廊渗漏水的原因是什么？

导致综合管廊渗漏水的四大直接原因是"破"、"老"、"裂"、"窜"，现代材料生产工艺越来越精良，防水产品都能符合国家标准要求，所以合格的防水产品在抗破损、抗老化、抗开裂方面都有良好表现。但渗漏水现象仍然很严重，原因在于这些材料无法与混凝土基面持久粘结满粘密封，最终因漏粘等缺陷导致窜漏水，造成整个防水系统失败。

4.2.1 管廊漏水的四大直接原因分析

综合管廊工程在建设与维护使用过程中，容易引起防水层"破"、"老"、"裂"、"窜"，从而导致管廊漏水。管廊漏水的四大直接原因如图4-2-1所示。

"破"，指在后续施工或养护过程中，人为因素导致防水层损坏。管廊施工是一项系统工程，防水层施工为其中一项重要环节。在明挖施工中，综合管廊底面防水处理完成后需要进行底板钢筋混凝土浇筑、墙身及顶板钢筋混凝土浇筑、墙身及顶板防水处理、基坑回填、拔钢板桩等一系列工序，施工步骤复杂，极易造成已完成防水结构层破坏。在暗挖施工中，周围环境变化十分复杂，在开挖时，因为开挖支护的方法多变，因此有的时候也会有一些困扰，对已完成防水结构造成二次破坏。在日常维护和保养环节，由于对已有防水结构不明晰以及施工操作不当，造成对已有防水结构的破坏。

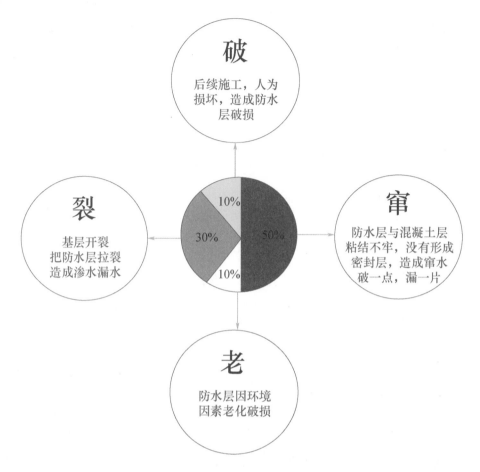

图 4-2-1 管廊漏水的四大直接原因

"裂"，指管廊的基层开裂，防水层受拉破坏导致防水层损坏。综合管廊结构完全埋于地下，主要承重由管廊结构下部岩土基层承担，因此承重基层的完整性决定了管廊结构完整性。管廊的基层开裂，管廊结构体系发生破坏，从而使得防水层也被拉裂遭到破坏，地下水往往从结构和防水层破裂处渗透和涌漏进来。

"老"，指防水结构层因为环境因素发生老化导致结构渗漏水。管廊结构埋于地下，周围环境复杂，防水结构在发挥防水功能时，在岩土中各种盐离子、碱离子等作用下，防水层发生结构老化现象，丧失防水能力。

"窜"，指防水层与混凝土层粘结不牢固、不持久、不满粘，未形成良好的密封层，导致防水层与结构层形成空腔间隙，渗漏水通过该空腔间隙流窜，混凝土结构哪里有裂缝缺陷就会从该处形成渗漏。地下水往往带有一定压力，普通防水层因无法与混凝土基层形成有效粘结，易形成空鼓，一旦防水层意外破损，造成破一点，漏一片，整个防水系统失败；同时，管根节点多，材质多，防水层很难有效粘结密封也极易导致窜水。

4.2.2 窜水渗漏是管廊防水失败的根本原因

窜水渗漏是地下工程防水失败的根本原因，混凝土建筑 90% 以上的渗漏都是由窜水引起的，综合管廊也不例外。窜水的严重后果是，防水层细微缺陷将造成渗漏水四处流窜，整个防水系统失败，找不到渗漏源点，难以维修。

防水材料经施工验收合格后即成为防水层，当防水层与基面间不能有效粘结，水在防水层和基面之间的空隙间自由窜流。防水层在无法做到零缺陷时，水会从局部缺陷处渗入，短时间内因水的窜流而使整个建筑物被水浸泡，并且与地下环境水形成互通"水系"。

（1）大面积窜漏水

管廊底板、顶板、立墙等大面积防水部位，因采用遮挡式防水卷材与混凝土之间难以形成满粘结构，容易产生窜水隐患，水一旦遇到混凝土或防水层缺陷处，防水层破一点漏一片，导致整个防水系统失败。而且渗漏源点难以找到，渗漏隐患难以根除。大面积混凝土结构表面与防水层之间是分离的，水在二者之间可以任意"流窜"。如图 4-2-2 所示。

（2）节点窜漏水

节点部位结构复杂，交界面处材质多样，特别是搭接缝、伸缩缝、穿墙管、阴阳角等部位在温差、振动、干湿循环等因素影响下，界面部位易开裂渗水，窜漏到整个防水层，导致防水失败。如图 4-2-3 所示。

图 4-2-2　混凝土大面积窜水示意图

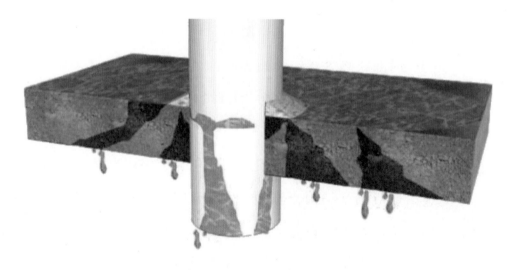

图 4-2-3　细部节点窜漏水示意图

因节点部位建筑材质多样，膨胀系数不一样，且受其他荷载作用，建筑构件与混凝土间很难牢固、密封连接，因此在连接处易产生缝隙而导致窜漏。

据不完全统计，节点处渗漏往往占总渗漏点 75% 以上，但节点处的防水面积不到建筑物防水总面积的 3%，这是一组很不对称的数据，说明节点处窜水渗水是管廊工程渗透水的主要原因。

4.2.3 防水层粘结密封功能的缺失是窜水的根本原因

现浇混凝土管廊作为地下工程，具有露天施工、湿环境作业的工程特点。防水施工基面潮湿潮气甚至有明水、基面不平整且粉尘浮浆多、交叉作业破坏严重等不利情况已是常态。传统的热熔法、自粘法、胶粘法等防水材料对基面要求高，要求非常干净、干燥、平整，应用过程经常出现现场条件无法满足施工要求，赶工期强制施工的现象。由此极易导致施工后的防水层与基面不能有效粘结从而引发窜水渗漏。如图 4-2-4 ~ 图 4-2-7 所示。

1	2
3	4

1 图 4-2-4 施工现场环境潮湿、不干净、不平整
2 图 4-2-5 传统防水卷材与基面粘结不牢脱落
3 图 4-2-6 防水层失效渗漏引起结构损毁
4 图 4-2-7 传统防水卷材随结构开裂而断裂渗漏

防水"难"在哪里，难在"粘"，难在普通防水卷材难以在潮湿、不平整、不干净的现实混凝土基面上施工；难在防水层与混凝土基面不能牢固持久粘结，不能起到密封防水效果。常见防水材料防水粘结和防水效果展示见表 4-2-1。

表 4-2-1　常见防水材料防水粘结和防水效果展示

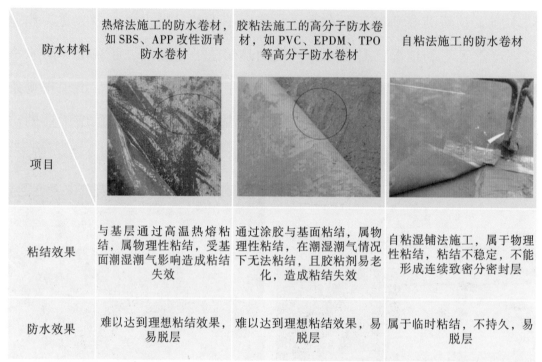

防水材料\项目	热熔法施工的防水卷材，如 SBS、APP 改性沥青防水卷材	胶粘法施工的高分子防水卷材，如 PVC、EPDM、TPO 等高分子防水卷材	自粘法施工的防水卷材
粘结效果	与基层通过高温热熔粘结，属物理性粘结，受基面潮湿潮气影响造成粘结失效	通过涂胶与基面粘结，属物理性粘结，在潮湿潮气情况下无法粘结，且胶粘剂易老化，造成粘结失效	自粘湿铺法施工，属于物理性粘结，粘结不稳定，不能形成连续致密分密封层
防水效果	难以达到理想粘结效果，易脱层	难以达到理想粘结效果，易脱层	属于临时粘结，不持久，易脱层

4.3　管廊防水等级设防为几级才更为合理？

现行规范规定管廊防水等级为 II 级，基于管廊结构设计寿命为 100 年，应该属于特别重要建筑，而民用建筑的地下室尚且按照防水等级 I 级的要求进行设防，所以综合管廊防水按照 II 级设防明显设防等级偏低，不满足结构耐久性要求。同时考虑管廊全寿命周期费用最优的要求，管廊要达到结构设计使用年限 100 年，防水应按 I 级标准进行设防。

4.3.1 综合管廊设计防水等级要求

城市综合管廊工程防水设计、施工，应遵循"确保质量、技术先进、经济合理、安全适用"的方针，遵循"防、排、截、堵相结合，刚柔相济，因地制宜，综合治理"的原则。对于综合管廊防水等级的要求，GB50838—2015《城市综合管廊工程技术规范》第 8.1.8 条中规定："综合管廊应根据气候条件、水文地质状况、结构特点、施工方法和使用条件等因素进行防水设计，防水等级标准应为 II 级，并应满足结构的安全、耐久性和使用要求。综合管廊的变形缝、施工缝和预制构件接缝等部位应加强防水和防火措施。"

综合管廊防水等级标准确定为 II 级，是根据 GB 50108—2008《地下工程防水技术规范》第 3.2.1 条确定的。DL/T 5484—2013《电力电缆隧道设计规程》第 8.2.1 条"电缆隧道的防水等级应不低于 II 级，各等级防水标准应符合现行国家标准 GB 50108《地下工程防水技术规范》的规定。"对顶管隧道和盾构隧道，也仅仅提出了 II 级防水的要求。所以，在防水等级的确定上，追根溯源，是根据 GB 50108《地下工程防水技术规范》确定的。

在 GB 50108—2008《地下工程防水技术规范》中，对地下工程不同防水等级的适用范围，划分为四级。I 级防水的适用范围为"人员长期停留的场所；因有少量湿渍会使物品变质、失效的贮物场所及严重影响设备正常运转和危及工程安全运营的部位；极重要的战备工程、地铁车站"。II 级防水的适用范围为"人员经常活动的场所；因有少量湿渍的情况下不会使物品变质、失效的贮物场所及基本不影响设备正常运转和工程安全运营的部位；重要的战备工程"。鉴于此，现行规范确定综合管廊的防水等级为 II 级，等级对工程实际要求略偏低。

综合管廊的主要作用是输送电力、通信、热力、燃气、给排水等，应根据气候条件、水文地质状况、结构特点和使用条件等因素进行防水设计，

防水等级标准为Ⅱ级，含高压电缆和弱电线缆的防水等级为Ⅰ级，并满足结构安全、耐久性和使用要求。

4.3.2 管廊防水定级要考虑全寿命周期使用费用因素要求

《城市综合管廊工程技术规范》关于综合管廊工程的结构设计使用年限为100年。对照《混凝土结构耐久性设计与施工指南》，根据耐久性要求，将结构设计使用年限分为100年、50年、30年3个等级。民用建筑地下工程设计寿命一般为50年，综合管廊结构设计使用年限应为100年，应该属于特别重要建筑，而民用建筑的地下室尚且按照防水等级Ⅰ级的要求进行设防，综合管廊防水按照Ⅱ级设防明显设防等级偏低，不满足结构耐久性要求。同时考虑管廊全寿命周期费用最优的要求：管廊结构安全、管廊正常生产管理。管廊要达到结构设计使用年限100年，防水应按Ⅰ级标准进行设防。

因素一：管廊结构安全

管廊工程属于全埋式地下工程，主体结构360°全方位泡水；其次，浅埋工程受路面绿化植物根系侵袭，易对结构体系造成侵害。因此，水害会对管廊工程结构造成很大程度的钢筋锈蚀、电泳腐蚀、混凝土碱化、碳化等危害，如图4-3-1所示。管廊防水定级必须要考虑到其防水安全等级高，不能出现水害对结构侵蚀问题。结构受侵蚀后会引发很多次生灾害。

（1）钢筋腐蚀致使混凝土与钢筋握裹力下降

管廊渗漏，水进入混凝土结构内部，造成钢筋锈蚀，直接影响钢筋与混凝土的握裹力，降低管廊建筑的承载能力，危害结构安全。如图4-3-2所示。

（2）结构损坏诱发次生灾害

管廊结构漏水影响廊内线管安全，造成通信故障，供水、电路中断等，还影响结构安全，造成路面塌陷，危及出行安全。如图4-3-3所示。

图 4-3-1　浅埋管廊工程结构示意图

图 4-3-2　管廊结构漏水致使钢筋腐蚀图

图 4-3-3　管廊结构漏水诱发次生灾害

（3）管廊结构维修困难

一方面，结构开挖维修困难。城市综合管廊一般置于公共交通路线下面，维修造价高，且影响出行，妨碍周边市政运营。另一方面，内部检修较困难。内部检修对动火、冲击、管线挪移技术要求高，管线布置密度大，作业空间狭小，人工作业难以实现，一般分片分区维修，维修效果不理想。如图4-3-4所示。

图 4-3-4　管廊结构漏水检修

因素二：管廊正常生产管理

安全管理是管理科学的一个重要分支，它是为实现安全目标而进行的有关决策、计划、组织和控制等方面的活动；主要运用现代安全管理原理、方法和手段，分析和研究各种不安全因素，从技术上、组织上和管理上采取有力的措施，解决和消除各种不安全因素，防止事故的发生。对于管廊工程，主要分为建设安全管理和运营安全管理。

（1）建设安全管理

管廊工程项目施工的安全管理，就是管廊工程项目在施工过程中，组织安全生产的全部管理活动。管廊工程项目的工程量大、建设周期长、技术复杂、涉及的单位多、风险大；所以，就要求安全管理人员在施工过程中要不断加强和完善工程项目施工的安全管理工作，并予以高度重视，并常抓不懈。

（2）运营安全管理

运营安全管理是管廊工程建成后最主要的管理工作，任何故障都可能引发事故和引发次生灾害，对运营使用造成巨大的压力，甚至对管廊工程的整体造成不良影响。所以必须要求各级领导干部以铁的手腕、铁的纪律、铁的面孔来抓安全工作，始终坚守"没有安全就没有运营"的理念，落实各项运营安全工作措施。一旦运营安全管理松懈，发生结构损坏、漏水等病害，将直接影响到结构正常设计使用年限。因此，必须加强实际管廊工程的运营安全管理工作。

4.4 为什么管廊防水须遵循"外包、柔性、密封"设计原则？

按照《地下工程防水技术规范》的要求，地下防水工程设计与施工应遵循"防、排、截、堵相结合、刚柔相济、多道设防、因地制宜、综合治理""以结构自防水为根本，施工缝（包括后浇带）、变形缝等细部构造的防水为重点，并在结构迎水面设置柔性全包防水层"的原则。按照此规范综合管廊防水除了采取结构自防水，主体结构还必须采用外包柔性防水层，刚柔相济才能达到最佳防水效果。但传统的柔性防水层是遮挡式防水，遮挡式防水层与结构层之间无法做到满粘密封；综合管廊结构所承受的水环境不再是从高往下的流水，而是360°全方位的静水压，水是排不掉的，稍有破损，就会窜水导致整个系统失败。所以综合管廊需要做全密封防水。全密封防水就是对防水部位100%粘结密封，它包括大面积的防水密封（如顶板、

侧墙、底板等）和细部节点的防水密封（如穿墙管、抗浮锚杆等），以及大面积与细部节点相容密封。

4.4.1 混凝土结构刚性易开裂，无法避免

综合管廊所采用的防水混凝土应满足抗渗等级，抗渗等级与工程埋深有关，大多数综合管廊的埋深不超过 10m，因此可按 P6 等级来设计混凝土。防水混凝土等强度并非越高防水效果越好。综合管廊的壁板多为大体积混凝土，混凝土强度越高，水泥掺量越大，水化放热就越高，混凝土内部产生的温度应力超过混凝土本身的抗拉强度时，混凝土就会开裂。考虑到耐久性要求，一般综合管廊的混凝土强度等级控制在 C30 ~ C35 即可。

混凝土结构属于刚性结构，其缺点有：混凝土抗拉强度低，在温差、振动、干湿反复变化的情况下，容易出现裂缝；结构自重比钢、木结构大；新旧混凝土不易连接，增加了补强修复的困难。

此外，混凝土结构施工工序复杂，周期较长，且受季节和气候的影响较大。如遇损伤，则修复比较困难。混凝土的隔热、隔声性能也较差。

刚性防水材料是以水泥、砂石为原材料，或其内掺入少量外加剂、高分子聚合物等材料，通过调整配合比，抑制或减少孔隙率，改变孔隙特征，增加各原材料界面间的密实性等方法，配制成具有一定抗渗透能力的水泥砂浆混凝土类防水材料。一类是以硅酸盐水泥为基料，加入无机或有机外加剂配制而成的防水砂浆、防水混凝土，如外加气防水混凝土、聚合物砂浆等；另一类是以膨胀水泥为主的特种水泥为基料配制的防水砂浆、防水混凝土，如膨胀水泥防水混凝土等。

刚性防水作为独立防水层易受刚性基层开裂影响而产生微小裂缝导致渗漏，管廊刚性结构使用的防水材料应选择柔性防水材料，做到刚柔相济，防水层要与基层变化特性相匹配，尽量避免刚性防水层作为单独防水层。

4.4.2 管廊需做外包柔性密封防水

管廊结构长期处于地下水中，如结构体遭到长年累月反复持续侵蚀，耐久性降低，则难以达到百年质量要求。从防水功能与结构耐久性关系来看，地下工程的防水设防要求应根据使用功能、使用年限、环境条件等因素确定。由于钢筋混凝土多孔多相的特性，理论上是渗透系数较小的透水体，考虑到地下水对钢筋锈蚀的破坏及管廊工程 100 年的结构设计使用年限，选用柔性防水材料，互补刚性结构缺点，保证管廊使用寿命。综合管廊的柔性外包防水设计原则，可概括为外包、柔性、密封三原则。这三个原则的具体内涵为：

（1）外包：即将防水层安装在结构的迎水面，使结构免遭水的侵蚀，从而保障结构的耐久安全性。外包防水层充当管廊防水的第一道屏障，将地下水与管廊主体结构隔离开，避免地下水浸润结构表面，进而渗入主体结构因受力、水化热、施工缺陷等因素而出现的微裂缝中。

（2）柔性：即安装的防水层应弹性好、有蠕变抗开裂功能，能适应结构变形、基层开裂而不断裂，从而保证防水层的耐久性。管廊主体结构在施工完后，运营期间可能会因为内力、温度、老化等因素开裂，覆盖、粘结在主体结构表面的防水层必须具有一定的柔性和延展性，能够适应粘结基层的开裂变形，不能因基层开裂而开裂。如图 4-4-1 所示。

（3）密封：即防水材料安装后，防水层与主体结构的各个部位满粘，大面积密封、节点密封、大面积与节点相容密封，系统解决窜水渗漏。对于综合管廊结构的密封，需要同时做好大面积密封、节点密封、大面积与节点相容密封三个部分，才能形成管廊主体结构"全密封防水"的体系，这三个部分中的任何一个部分失效，都将导致防水体系的失效。

综合管廊的全密封防水体系示意图如图 4-4-2 所示。

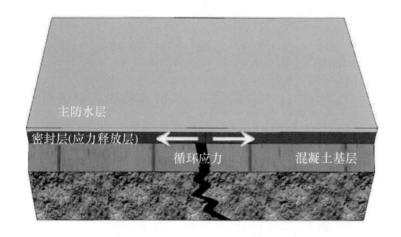

图 4-4-1 反应粘卷材"二元"结构防水层有效防御开裂渗漏

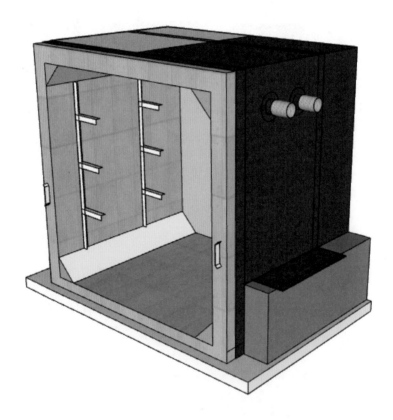

图 4-4-2 综合管廊全密封防水体系示意图

4.5 为什么说遮挡式防水层不能用于综合管廊？ --------●

4.5.1 什么是遮挡式防水

遮挡式防水，即在结构表面包裹一层防水材料进行防水，防水材料与结构之间是分层的，当防水材料（卷材）搭接边存在缺陷或其他部位存在破损时，水会从缺陷处渗流进来，并在防水层与结构层之间到处流窜，致使后续维修时找不到渗漏源点，从而导致整个防水系统失效，只能全部翻新重做。遮挡式防水很难适应大跨度结构的建筑防水，特别不适用于地下工程的防水，如管廊、地下室、地铁等。

遮挡式防水源于早期防水材料技术简单，只能通过挡水迅速排水的措施来达到防水的目的，管廊防水是对混凝土结构的防水，注重的是对混凝土结构的密封和保护。遮挡式的防水方式注重的是遮挡和导排，并容许防水层与结构层之间有隔离层（如保温层和加强间隔层等）；城市综合管廊结构，所承受的水环境不再是从高往下的流水，而是360°全方位的静水压，水是排不掉的，稍有破损，就会窜水导致整个系统失败。因此管廊结构防水是不容许防水层和结构层之间有隔离层的，防水层必须跟混凝土紧密连接，这样才能达到密封防水效果。

4.5.2 哪类防水材料在管廊应用中易引起窜漏水

遮挡式防水是引起防水层窜漏水的根源。遮挡式防水是不能用于管廊防水工程的。遮挡式防水层因与混凝土层粘结不牢固，未形成良好的密封层，导致结构渗漏水。地下水往往带有一定压力，普通防水层因无法与混凝土基层有效粘结，易形成空鼓，一旦防水层意外破损，造成破一点，漏一片，整个防水系统失败。

根据混凝土结构防水层窜漏水的机理，凡是具备以下特征的防水材料都极易引起窜漏水。

①在混凝土基面潮湿、有水汽、不平整、不干净的条件下不能与基面有效粘结。

②防水层与混凝土无法形成连续致密的界面层，防水层一旦破损即会产生渗漏。

③防水层与混凝土粘结不牢固，粘结可逆，在温度、酸碱盐腐蚀、结构运动、紫外线照射、湿汽循环等影响下空鼓、脱落。

现实施工中，结构基面不是十分平整，热熔法、自粘法、胶粘法等传统防水材料不适用现实基面，易出现粘不住、粘不久、脱粘窜漏水等问题。如果处理基面，使其平整适用，就会极大地增加工程量和造价，且对已有结构有二次损害，防水效果欠佳。无密封层的遮挡式防水材料难以达到防水效果，如图4-5-1所示。

图4-5-1　无密封层的遮挡式防水材料

热熔法、自粘法、胶粘法等传统防水材料有相似的防水效果，即遮挡式防水，也同时会因为材料与结构属物理性粘结，受基面潮湿潮气影响造成粘结失效。因此这几类防水材料在实际工程中极易造成窜漏水，从而影响结构安全。

4.6 为什么管廊的顶板和侧墙需要做耐根穿刺防水层？ ----●

综合管廊均为钢筋混凝土结构，多以浅埋方式敷设于道路干道或两旁，管多为浅埋式结构，会受到植物根系生长的侵蚀，根系会顺着渗水通道生长，进一步破坏管廊结构，加速管廊结构老化。这些特点都是在管廊防水设计与施工过程中不可忽视的因素。在设置管廊防水层时存在着一些认识误区。

4.6.1 管廊耐根穿刺防水层认识误区

误区1 只做普通防水层，把普通防水材料当作阻根材料使用

植物根系在生长过程中会产生分泌物，会对防水材料产生不同程度的腐蚀作用，根尖的生长对防水层也会产生巨大的压迫力，因此普通的防水材料若密实度、强度不够，密封性能不好，根系因摄取水分和营养需求，极易在生长过程中侵入防水层，穿透防水层。不能低估看似柔弱的植物根系巨大的破坏性。如图4-6-1所示。

图 4-6-1 普通防水层易被植物根系穿透

误区 2　窜水的防水材料应用在种植顶板

阻根的前提就是保证防水有效，只有密封防水才能不窜水，不渗漏水，才能保证阻根的安全性和可靠性。因植物根系具有向地性、向肥性、向水性生长的特性，哪里有水分养分，就往哪里生长。

目前较为常见的耐根穿刺防水卷材如改性沥青卷材、TPO 卷材、EPDM 卷材、PVC 卷材、聚乙烯丙纶等，这些材料都属于遮挡式防水材料，因这些防水材料对基面要求高，要非常干净、干燥、平整，现实工地往往无法满足，造成卷材与基面不粘结，形成两层皮，一旦卷材有细微破损，雨水灌入卷材与混凝土，直接四处窜漏，破一点，窜一片，整个系统失败。

因此，窜水的防水层应避免用于种植顶板，防不住水，就防不住植物根系的生长破坏。

4.6.2　什么样的耐根穿刺防水层适用于管廊防水

耐根穿刺防水层有三种阻根方式：生态阻根、物理阻根、化学阻根。

1. 生态阻根

■ 阻根原理：防水层与基面密封粘结，形成不透水不透气的防水阻隔层，改变植物根系生长的生态环境，如水分环境和营养环境等，从而阻断植物根系生长方向，达到生态阻根的效果。

■ 阻根有效性判断：只要防水层与基面粘结密封，形成连续致密的密封层，隔绝植物根系生长所需的水分和养分，就可以达到阻根目的。

■ 阻根选材结论：选用密封防水层，既防水又达到阻根功效，安全可靠。生态阻根示意图如图 4-6-2 所示。

2. 物理阻根

■ 阻根原理：通过防水层自身强度（耐撕裂强度、拉伸强度）、致密性和抗穿刺能力，有效抵御植物根系穿透，达到阻根效果。物理阻根层需

植物根系生长特性
趋水性
趋养分性

阻根层

图 4-6-2　生态阻根示意图

搭接边可靠、伏贴性好、柔韧性好，且与密封防水层相容性好。

■ 阻根有效性判断：产品在生产和应用过程中，可随时抽检或送检，及时出检测报告，只要其物理性能指标符合阻根要求，就能有效阻根。

■ 阻根选材结论：只有与密封防水层结合使用，防水阻根才安全有效。

HDPE 高密度聚乙烯土工膜如图 4-6-3 所示，复合铜胎基改性沥青耐根穿刺防水卷材如图 4-6-4 所示。

图 4-6-3　HDPE 高密度聚乙烯土工膜

图 4-6-4　复合铜胎基改性沥青耐根穿刺
防水卷材

3. 化学阻根（图4-6-5）

■ 阻根原理：在卷材密封胶生产加工过程中，避免植物根系穿透防水层；添加阻根剂，以此抑制植物根系向防水层生长或改变生长方向，从而达到化学阻根的目的。化学阻根剂过量容易伤害植物根系，量少无阻根效果，阻根剂有降解周期，时间长易降解失效。

■ 阻根有效性判断：产品在生产和应用过程中，可随时抽检或送检，及时出检测报告，只要其物理性能指标符合阻根要求，就能有效阻根。

■ 阻根选材结论：只有与密封防水层结合使用，防水阻根才安全有效。

图4-6-5　SBS改性沥青种植屋面用耐根刺防水卷材（化学阻根）

阻根选材结论：

防水与阻根不能靠遮挡，挡是挡不住的，因为施工现场复杂，无法避免的细微缺陷很容易形成漏水源点，因卷材无法与混凝土基层满粘，形成空腔，是窜水通道，植物根系会沿着渗水途径野蛮生长，进入卷材与混凝土之间，一旦遇混凝土开裂部位，植物根系会沿水路生长渗透混凝土结构层，对结构危害巨大。

所以，阻根的基础在于密封防水，在混凝土表面形成密封层，充分阻断水层与养分，使植物根系没有向下生长的环境，是最科学最有效的方法。卷材搭配上优异的物理性能，进一步提升卷材抗植物物理穿刺耐力，形成密封＋物理阻根双层效果，安全可靠。

综上所述：

1. 单独使用物理阻根或化学阻根，都无法有效发挥阻根作用。

2. 物理阻根和化学阻根只有结合生态阻根，才能发挥防水与阻根的双重功效。

4.7 管廊防水设计应规避哪些误区？

4.7.1 误区一：防水设计理论与实际脱离，忽视工序配合与细节管理

目前的防水设计大多存在过分依赖图集和标准，防水施工不注重工序配合和细节管理，轻视后期维护的问题。防水是个系统工程，是工程管理学和材料工程学紧密配合的工程，忽视任何一个环节都会造成防水失败。因此要协调好设计、选材、施工和维护等过程，从源头把好设计关，依据防水基本原则选好防水材料，选择专业防水施工单位，精心施工，精心管理。

4.7.2 误区二：防水设计未考虑与地域环境、施工环境相匹配

目前的防水设计很多并未考虑地域环境，选择与施工环境相匹配的材料和方案，北方气候干燥，南方潮湿，如将用于干燥环境施工的 SBS 卷材或油性的涂料用于潮湿的地下室施工。因 SBS 难以通过热熔施工粘结到基础，最后因不可避免的微小破损产生窜水而导致防水系统失败（图 4-7-1）。在防水选材阶段应选择能在潮湿环境施工并能牢固粘结到潮湿混凝土上的防水材料。

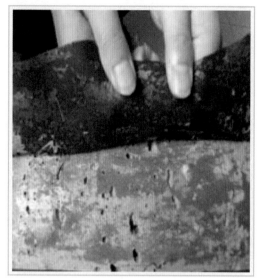

图 4-7-1　防水设计不当导致防水卷材无法有效粘结到混凝土基层

4.7.3　误区三：刚性防水材料作为独立防水层用于跨度大的基层

现有防水设计中存在的另一个问题是将刚性防水材料（如防水砂浆、渗透结晶性涂料）作为独立防水层用于跨度大的防水基层，如屋面、地下室顶板、侧立墙等。然而，刚性防水材料作为独立防水层易受刚性基层开裂影响而产生微小裂缝导致渗漏（图 4-7-2）。合理的防水设计应刚柔相济，防水层要与基层变化特性相匹配，尽量避免刚性防水层作为单独防水层。

图 4-7-2　刚性防水层用于地下室顶板而出现渗漏

4.7.4 误区四：防水层做在保温层上面

防水层在施工过程中难免出现微小破损，水会经破损处渗漏到保温层，导致雨天小漏，天晴后大漏的现象。在南方防水重于保温，防水层直接做在坚实的防水基层上，避免防水层下面有积水层。

4.7.5 误区五：隔层施工

隔层施工，如在屋顶做三层 SBS 防水层，做一道防水层批一道水泥砂浆层；做一层 911 聚氨酯防水涂料，再做一道自粘卷材。

多层 SBS 中间被水泥砂浆层隔离，SBS 和水泥砂浆层界面不相容，遇到破损处，层与层之间形成窜水层，起不到"1+1 > 1"的效果，反而比单层维修更加困难。聚氨酯涂料与自粘卷材界面不相容，聚氨酯涂料在干燥过程中有溶剂挥发出来，会破坏自粘卷材和聚氨酯涂料本身的结构。采用多层复合防水时，防水层之间要叠加相容。

4.8 管廊工程防水选材误区应如何规避？ ----------------●

4.8.1 误区一：防水材料越厚，防水效果越好

（1）防水要密封，密封需要材料伏贴性好

卷材厚度与防水效果没有直接关系，防水的有效性在于与基层是否能密封。遮挡式防水因怕卷材破损而导致窜漏水，注重材料强度与厚度，所以其伏贴性差，施工时易翘边起鼓。

防水效果好坏主要取决于防水层能否跟基层粘结，是否形成完整的密封层。并不是防水材料越厚，防水效果越好，厚度过大，伏贴性差，接边不良，密封效果反而差，更容易出现渗漏水隐患。

热熔法施工的防水卷材现场施工搭接边易翘边起鼓，如图 4-8-1 所示，CPS 反应粘卷材现场搭接边施工图如图 4-8-2 所示。

图 4-8-1　热熔法施工的防水卷材现场施工搭接边易翘边起鼓

图 4-8-2　CPS 反应粘卷材现场搭接边施工图

（2）防水靠密封，密封要伏贴，不能粘结密封，再好的材料也没有用

CPS反应粘卷材密封防水效果好，具有双重防水功效。CPS反应粘防水卷材由具有防水功效的增强膜和反应粘胶复合而成，具有双重防水功效。CPS反应粘卷材采用CPS反应粘技术，施工时以水泥素浆作为粘结剂，卷材胶料层除能够通过蠕变方式渗入到水泥微小缝隙内形成物理卯榫作用外，还能与水泥固化过程产生羟基发生反应形成化学交联键，最终通过物理卯榫与化学交联的协同作用，使卷材能够在长时间冷、热、干、湿环境下保持与混凝土密封满粘效果。如图4-8-3所示。

图4-8-3 CPS反应粘卷材工程实际密封防水效果

SBS防水卷材由改性沥青料和不防水的增强胎体复合而成，起防水作用的仅是改性沥青料。SBS改性沥青防水卷材采用热熔法施工，在应用中极易因普遍存在的基面潮湿潮气、不平整、不干净等因素，导致空鼓而不能满粘，且其与基面仅通过物理卯榫作用而形成的粘结，容易因外界环境的变化而逐渐衰减甚至消失，无法在混凝土基面上形成有效的粘结密封。如图4-8-4所示。

图 4-8-4　SBS 卷材工程实际应用效果（易脱粘，与基层分离）

CPS 反应粘防水卷材能跟混凝土"长"在一起，卷材坚实柔韧耐久，伏贴性好，铺贴方便，防水真正有效。SBS 卷材单就其物理性能来说是不错的，更适合传统屋面遮挡式防水。SBS 卷材主要问题有：火烤施工，潮湿潮气、不平整、有粉尘均粘不住粘不牢，材料太硬施工不好操作，易空鼓窜水，破一点漏一片，防水系统失败，且维修找不到漏水的源头。

4.8.2　误区二：防水材料物理性能指标越高，防水效果越好

目前对于管廊防水设计与选材，人们普遍认为防水材料本身的物理性能（防水性能）指标越高，防水工程的效果越好。然而，地下管廊的防水是一个系统工程，合格的防水材料不等于合格的防水层。仅重视材料的指标性能而忽视工程应用的实效是导致防水效果不佳的一个重要原因。防水的实际效果应从防水工程的整体上考虑，即合格的防水层（100 分）= 物理性能（30 分）+ 可施工性（30 分）+ 密封性（40 分）。影响防水效果的因素分别见表 4-8-1 和图 4-8-5。

表 4-8-1 影响防水效果的因素

物理性能（基本性能）30分	温度	耐热度	仅作产品是否合格的基本要求
		低温柔性	
	强度	拉力大小或断裂强度	
	延伸率	材料在被破坏时的最大伸长率	
	耐老化性能	正常使用情况下，保持有效性的能力	
可施工性 30分	不透水性	在压力水作用下阻挡水透过的能力	判断防水材料是否有效防水的基本要求
	适应性	在潮湿潮气或复杂环境下是否能施工	
	伏贴性	厚度	
		柔度	
	便捷性	辅助设备	
		冷施工 / 热施工	
密封性 40分	密封性	潮湿的情况下可粘结密封，在结构基面上形成连续致密的密封层	
	粘结性	粘结持久、不可逆，不会分层	

图 4-8-5 易施工性是影响防水效果的重要因素

4.8.3 误区三：防水材料单价越低，防水成本越低

管廊的防水是一个系统工程，因此管廊的防水成本不单单是材料成本，

应该是整个防水项目的综合成本。应在防水有效的最低质量底线的基础上，选择综合成本最优的产品方案。总体而言，防水成本主要包括：材料成本、构造成本、工期成本、维护成本。具体而言，各项成本如下：

（1）材料成本：防水材料单价。

（2）构造成本：防水层上下相邻的构造层，如找坡层、找平层、保护层、隔离层等成本。

（3）工期成本：防水层施工影响工程整体进度所产生的额外成本。

（4）维护成本：因施工、使用过程中产生的维护、维修成本，一旦渗漏水，维修成本将是防水投资成本的 5 ~ 10 倍。

显然，不同防水卷材及其相应工艺所产生的综合成本是不同的，CPS反应粘防水卷材与普通防水卷材成本对比见表 4-8-2。

表 4-8-2　CPS 反应粘防水卷材与普通防水卷材成本比较

成本 ＼ 产品	普通防水卷材	CPS 反应粘防水卷材	成本对比结果
构造成本（以地下室底板为例）	1. 设计面层 2. 自防水钢筋混凝土底板 3. 50mm 厚细石混凝土保护层 4. 卷材防水层 5. 基层处理剂 6. 20mm 厚水泥砂浆找平层 7. 100mm 厚细石混凝土垫层 8. 素土夯实	1. 设计面层 2. 自防水钢筋混凝土底板 3. 5mm 的水泥砂浆保护层 4. CPS 反应粘防水卷材（空铺） 5. 100mm 厚细石混凝土垫层 6. 素土夯实	CPS 反应粘防水卷材省掉：基层处理剂、20mm 厚水泥砂浆找平层、部分保护层
工期成本	潮湿潮气不好施工，不能赶工期	可以赶工期，潮湿潮气全天候可施工，不浪费租货设备资源	CPS 反应粘防水卷材省掉一部分工期成本
防水效果	遮挡式防水，容易破一点漏一片，整个防水系统失败	全密封防水，撕烂了不漏水，戳穿了不窜水	CPS 反应粘防水卷材可以直观检验，免除漏水隐患
维护成本	屡漏屡补，屡补屡漏，无法根治，找不到漏水源点，翻修重做的成本是新做防水的 3 ~ 10 倍	全密封满粘，有密封层即无窜水，即使有施工缺陷也可修可补，轻松维护，不需要翻修重做即可达到理想维护效果	CPS 反应粘防水卷材省掉 99% 的后期维护维修成本，避免了因为漏水而受到的损害

4.9 为什么说防水材料的寿命不等同于管廊防水层的寿命？

4.9.1 防水层寿命的定义

如前文所述，管廊防水是一个系统工程，防水的实际效果应从防水工程的整体上考虑，管廊防水的使用寿命也应从整体上评估。防水寿命包括两方面：

（1）材料自身使用年限寿命，指材料物理性能满足相应工况环境的使用年限。

（2）防水有效性的寿命，是指防水层能起到防水效果的使用年限。防水层往往自身性能完好，但出现漏水现象，主要原因在于防水层未能与基面持久粘结密封，出现窜漏水现象，这样其防水有效性的寿命就短。

由此可见，如果防水材料不能与混凝土有效粘结密封防水，材料本身抗老化性能再好，使用寿命再长都是没有用的。只要满足国家检测标准的防水材料，其寿命都在几十年以上。渗漏主要发生原因是：防水材料与混凝土不能有效粘结密封，或者粘结短期失效。因此符合国家检验标准的材料在应用过程中，往往因与混凝土基面粘结效果不理想即出现工程没有完工或者完工后三五年就出现渗漏的尴尬情况。

4.9.2 决定防水层寿命的核心因素

解决渗漏的核心问题并非防水卷材自身的防水性能，而是防水材料与基面的粘结问题，只有粘结、生成界面密封层不窜水了，防水的大问题才能真正解决。

是否密封防水，主要在"粘"，粘不住就不能密封，不能密封再好的材料也无法有效防水。自粘卷材是压敏粘结，主要适用于干燥、干净、平整

的基面，现实混凝土基面无法达到该要求，无法与混凝土基面满粘，易窜漏水。其主要适合木结构类建筑的防水防潮应用。市面其他反应粘是物理性粘结，虽与 CPS 反应粘施工工法相同，但其粘结原理只是物理吸附粘，受水浸泡、温度变化或结构变形、运动易脱粘窜水；CPS 反应粘其核心在于跟水泥同步固化反应粘结，生成化学键，与混凝土"长"在一起，粘结不可逆，持久密封。

影响防水卷材与基面粘结效果的一个重要因素是卷材对潮湿、不平整基面施工环境的适应性。与房屋建筑等地面结构不同，综合管廊属于地下工程，其施工场地狭窄，施工环境复杂。在实际的施工过程中，很难保证结构基面的干燥性和平整性，如果防水材料的施工工艺无法适应基面的潮湿与不平整性，导致防水材料与基面无法紧密、持久的粘结，防水材料与基面之间将不可避免的出现窜水、漏水的问题。

4.9.3　用于管廊防水的 CPS 反应粘卷材特点与使用寿命

1．CPS 反应粘防水卷材

CPS 反应粘是专门针对混凝土密封防水研发的产品，通过化学交联与物理卯榫协同作用与混凝土紧密粘结，形成连续致密的密封粘结层。CPS反应粘技术荣获中国专利优秀奖，产品被列入国家重点新产品项目，是唯一一款在国家层面认可的湿铺反应粘产品。CPS 反应粘粘结原理示意图如图 4-9-1 所示。

CPS 反应粘防水卷材采用了 CPS 反应粘原创的专利技术，能在原来物理卯榫的基础上，还与混凝土基面产生化学反应，与混凝土基面"长"在一起，形成密封满粘，撕烂了不漏水，戳穿了不窜水。解决了普通防水卷材与基面粘结难的问题。

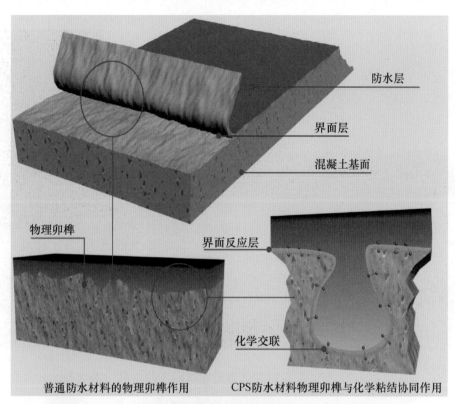

普通防水材料的物理卯榫作用　　　　CPS防水材料物理卯榫与化学粘结协同作用

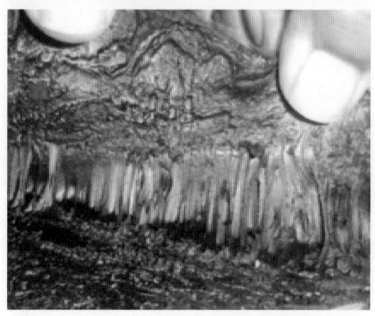

图 4-9-1　CPS 反应粘粘结原理示意图

CPS 反应粘防水卷材在实际工程中的应用效果如图 4-9-2 所示。

图 4-9-2　CPS 反应粘防水卷材在实际工程中的应用效果

2. CPS 反应粘防水卷材的优点

CPS 反应粘防水卷材本身具有很好的抗老化性能，可作为工程长期可靠的防水层。CPS 反应粘防水卷材具有以下优点：

（1）CPS 反应粘防水卷材能够实现对混凝土基面的持久有效密封

其他的防水卷材与混凝土基面都是通过物理卯榫实现粘结，物理卯榫作用是可逆的，外界的冷、热、湿等环境因素的影响会使卯榫作用减弱，无法实现材料对基面的持久有效粘结密封，防水效果无法长久保障。CPS 反应粘防水卷材对混凝土基面的粘结是化学交联与物理卯榫的协同作用，化学粘结是不可逆的，普通的环境变化也无法破坏材料与基面之间的化学交联键，使得材料能实现对混凝土基面的持久有效粘结密封，保证防水长期可靠。CPS 反应粘防水卷材施工后实际粘结效果如图 4-9-3 所示。

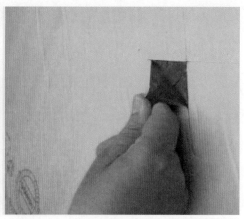

图 4-9-3　CPS 反应粘防水卷材施工后实际粘结效果

（2）CPS 反应粘防水卷材主体增强层耐老化性强

CPS 反应粘防水卷材的主防水层为 HDPE 高分子材质。国内外均有成熟产品，影响 HDPE 高分子材料老化的主要因素有：阳光、氧气、臭氧、热、水、机械应力、微生物等。国内外现有的关于这类高分子材料使用寿命的研究报告均表明，HDPE 材质的保护套埋藏于土壤中 8 年后各项物理化学指标基本不变，非外露条件下 HDPE 材质表现出较强抗降解能力。

在非外露工程中，类似于光照强烈、高温等极端环境，HDPE 高分子材料的物理化学稳定性可满足防水要求，且参考此类高分子材料在防护、绝缘、包装等领域的应用，CPS 反应粘防水卷材主体增强层所采用的高分子材质在耐久性能上有理论及实际应用依据。

（3）CPS 反应粘防水卷材密封胶料的耐老化性能优异

CPS 反应粘防水卷材中改性沥青反应粘胶料主体材料为橡胶改性沥青，影响改性沥青老化的主要因素有：氧气、紫外线、温度等。反应粘胶料中改性沥青与其他防水卷材产品如 SBS 改性沥青卷材、APP 改性沥青卷材中改性沥青一样，在非外露条件下，依据国内外大量改性沥青防水材料的实际工程案例经验，CPS 反应粘防水卷材的改性沥青反应胶料耐老化性能满足防水要求。CPS 反应粘防水卷材的生产及测试均有国家和行业标准依据，满足实际工程应用要求。CPS 反应粘防水卷材可以解决大面积密封防水难题。大面积防水部位包括屋面、地下室底板、侧墙、顶板等，因其跨度大、面积大，用 CPS 反应粘防水卷材进行大面积密封防水，可以与混凝土发生物理卯榫与化学交联协同作用，持久密封，满粘不窜水。

CPS 反应粘防水卷材有以下特点：

（1）潮湿潮气能施工，有效缩短工期，环境适应性强，环保安全。

（2）能与混凝土形成致密连续的密封粘结层，达到长久不可逆的密封防水效果。

（3）撕烂了不漏水，戳穿了不窜水，有效解决大面积窜漏水难题。

（4）一层卷材，达到涂料防水和卷材防水的双重功效。

CPS 反应粘防水材料与混凝土基面的粘结效果如图 4-9-4 所示。

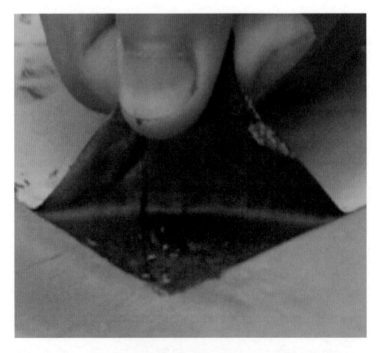

图 4-9-4　CPS 反应粘防水材料与混凝土基面的粘结效果

4.10　为什么管廊工程防水按规范验收后还是漏水？ ⋯⋯⋯●

4.10.1　规范验收要求与不足

当前相关规范对防水工程质量的验收，主要以防水层的观感以及短期蓄水的方式进行验收，判断防水层是否合格，忽视防水层与基层实际粘结效果。大量实践证明，仅凭感观或短期蓄水试验验收合格的防水层不等于不漏水。很多工程刚交工甚至未交工即开始渗漏，且屡堵屡漏。做好的防水层是否具有防水功能、能否达到设计要求的级别和年限，需要有更加直观、可靠的验收手段，如果用等使用一段时间后看是否渗漏的方法来检验防水效果，则过于被动。

因此工程中除了应用好的防水密封材料体系、好的密封防水施工管理服务外，还需要施工管理人员对施工现场进行可靠的防水质量验收。通过广西金雨伞防水装饰有限公司创建的"一划、二剥、三抠"的简单验收方法，就能判断出防水层是否达到密封防水效果，是否安全可靠。这就是全密封防水施工管理服务体系的即时性和可靠性。

4.10.2　实效性验收方法与优点

施工现场防水实效性验收步骤：

防水验收三步走：一划二剥三抠，只有通过了"一划二剥三抠"的验收，达到全密封防水状态，防水才是安全可靠的。如图4-10-1和图4-10-2所示。

一划：随机在防水层任意位置用刀划开。

二剥：从划开的地方剥，从边角剥，防水层与基层粘结牢固，有连续致密的密封层。

三抠：检查所有的细部节点是否已用密封膏进行了密封处理，与混凝土、塑料管、金属等不同界面粘结牢固，无砂眼孔洞。

图 4-10-1 按"一划二剥三抠"现场验收防水层的有效性

图 4-10-2 按"一划二剥三抠"现场验收防水质量,直观可靠

05

第五篇

综合管廊工程全密封防水方案与案例

5.1 综合管廊工程全密封防水设计方案

5.2 综合管廊工程全密封防水施工工艺

5.3 综合管廊工程全密封防水施工管理与验收

5.4 综合管廊工程全密封防水案例

5.1　综合管廊工程全密封防水设计方案 ------------------------●

对于防水工程，特别是地下防水，除了简单有效、安全可靠的密封防水材料外，还需因地制宜，制定最佳的防水设计方案，才能保证防水材料发挥最好的防水效果。防水设计方案的制定应综合考虑工程现场各种客观条件、设计图纸的工程结构变化特征和工期要求，在确保方案可行、质量可靠、满足工期的前提下，选择综合各方面最优的防水施工方案，是防水工程的重中之重。

5.1.1　明挖管廊防水构造做法

对于采用放坡基坑施工，或虽设围护结构，但基坑施工条件比较充足的情况，外墙宜采用外防外贴法铺贴防水层。外防外贴法是待管廊结构钢筋混凝土侧墙施工完成后，直接把防水层铺贴至侧墙上（即地下结构墙的迎水面），最后作防水层的保护层。

当施工条件受到限制，外防外贴法施工难以实施时，可采用外放内贴防水施工法。外放内贴法是管廊结构钢筋混凝土侧墙施工前先做围护结构（围护结构需找平处理），然后将卷材防水层预先临时固定到围护结构上，最后浇注侧墙混凝土，与防水层反粘在一起。明挖综合管廊横断面防水及防水总体构造示意图如图 5-1-1 所示。

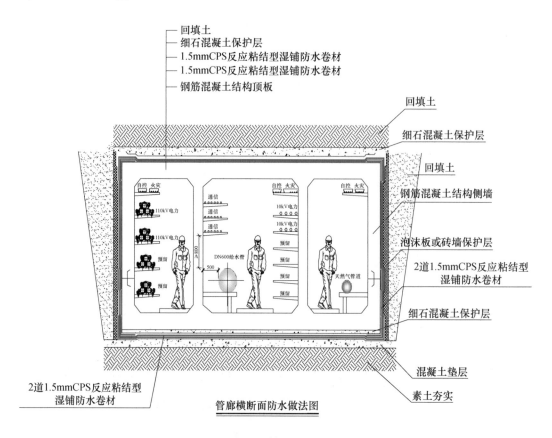

回填土
细石混凝土保护层
1.5mmCPS反应粘结型湿铺防水卷材
1.5mmCPS反应粘结型湿铺防水卷材
钢筋混凝土结构顶板

回填土
细石混凝土保护层
回填土
钢筋混凝土结构侧墙
泡沫板或砖墙保护层
2道1.5mmCPS反应粘结型湿铺防水卷材
细石混凝土保护层
混凝土垫层
素土夯实

2道1.5mmCPS反应粘结型湿铺防水卷材

管廊横断面防水做法图

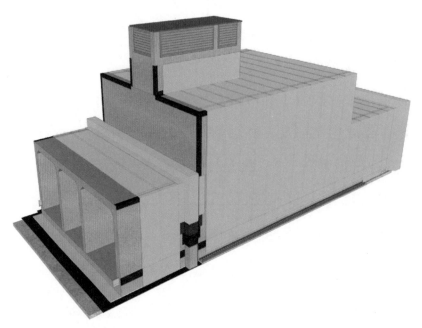

图 5-1-1　明挖综合管廊横断面防水及防水总体构造示意图

具体部位选材及施工工艺可参照表 5-1-1 选取。

表 5-1-1　具体部位选材及施工工艺参数

防水部位	选用材料		施工工艺
	大面积密封材料	节点密封材料	
底板	CPS 反应粘结型湿铺防水卷材	CPS 防水密封膏	空铺法
侧墙	CPS 反应粘结型湿铺防水卷材	CPS 防水密封膏	湿铺法
顶板	CPS 反应粘结型湿铺防水卷材	CPS 防水密封膏	湿铺法

1. 管廊底板变形缝防水做法

在变形缝交界处采用 C15 细石混凝土填充，外层防水卷材依次由内而外用 CPS 反应粘结型湿铺防水卷材做第一加强层，然后继续用 CPS 反应粘结型湿铺防水卷材做第二加强层，外层防水做法继续采用 C15 细石混凝土覆盖处理。管廊底板变形缝防水具体做法可参照图 5-1-2。

2. 管廊侧墙变形缝防水做法

对于管廊侧墙变形缝外侧阴角处先采用泡沫棒做填充处理，然后外层防水卷材由内而外依次为 CPS 反应粘结型湿铺防水卷材第一加强层，CPS 反应粘结型湿铺防水卷材第二加强层和 CPS 反应粘结型湿铺防水卷材，最外层做 50mm 厚聚苯板保护层。管廊侧墙变形缝防水构造做法如图 5-1-3 所示。

3. 管廊顶板变形缝防水做法

对于管廊顶板变形缝的防水处理与侧墙类似，外侧阴角处先采用泡沫棒做填充处理，然后外层防水卷材由内而外依次为 CPS 反应粘结型湿铺防水卷材第一加强层，CPS 反应粘结型湿铺防水卷材第二加强层和 CPS 反应粘结型湿铺防水卷材，最外层做 50mm 厚聚苯板保护层。管廊顶板变形缝防水做法可参照图 5-1-4。

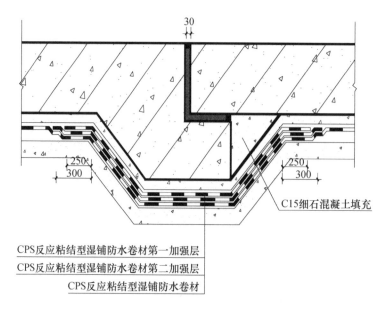

30

250
300

250
300

C15细石混凝土填充

CPS反应粘结型湿铺防水卷材第一加强层
CPS反应粘结型湿铺防水卷材第二加强层
CPS反应粘结型湿铺防水卷材

管廊底板变形缝防水做法

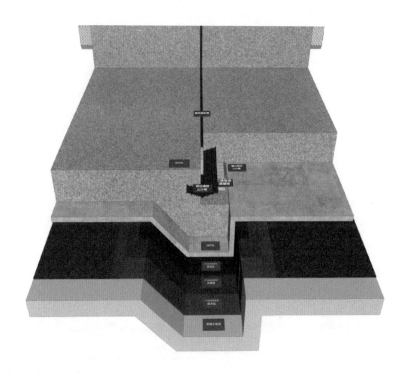

图 5-1-2　明挖管廊底板变形缝构造示意图

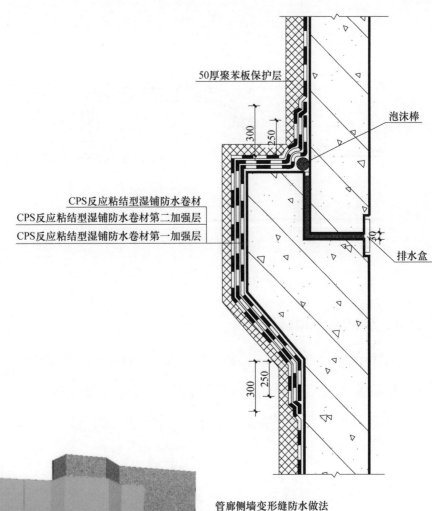

50厚聚苯板保护层

泡沫棒

CPS反应粘结型湿铺防水卷材

CPS反应粘结型湿铺防水卷材第二加强层

CPS反应粘结型湿铺防水卷材第一加强层

排水盒

管廊侧墙变形缝防水做法

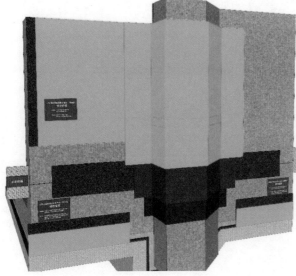

图 5-1-3 明挖管廊侧墙变形缝防水构造示意图

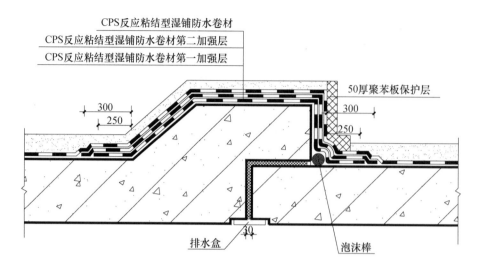

CPS反应粘结型湿铺防水卷材
CPS反应粘结型湿铺防水卷材第二加强层
CPS反应粘结型湿铺防水卷材第一加强层
50厚聚苯板保护层
300
250
300
250
排水盒
40
泡沫棒

图 5-1-4　管廊顶板变形缝防水做法

4. 管廊阳角构造做法

对于管廊阳角防水构造，可沿其阳角线两侧各 250mm 处做三道 CPS 反应粘结型湿铺防水卷材加强层，其余部位可做两道防水卷材加强层，最外层用细石混凝土或聚苯板做保护。具体防水构造可参照图 5-1-5。

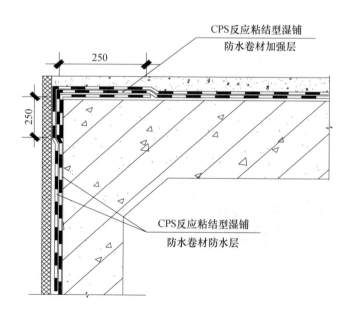

CPS反应粘结型湿铺
防水卷材加强层
250
250
CPS反应粘结型湿铺
防水卷材防水层

图 5-1-5　阳角构造做法

5．管廊阴角构造做法

对于管廊阴角防水构造，可沿其阴角线两侧各 250mm 处做三道 CPS 反应粘结型湿铺防水卷材加强层，其余部位可做两道防水卷材加强层，最外层用细石混凝土或聚苯板做保护。具体防水构造可参照图 5-1-6。

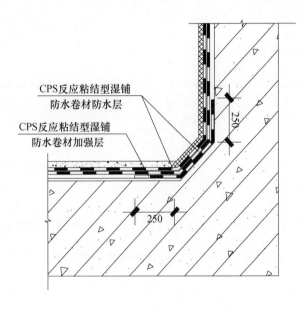

图 5-1-6　阴角处构造做法

6．底板处接茬构造做法

对于管廊底板处接茬防水构造，除施工缝面接处需要做宽 300mm，厚度不小于 3mm 的止水钢板外，其角接处 500mm 范围内还应做三道 CPS 反应粘结型湿铺防水卷材加强层，然后最外层做 C15 细石混凝土或聚苯板保护层。底板处接茬防水构造具体做法可参照图 5-1-7。

7．管廊出地面侧墙卷材收口构造做法

对于管廊出地面侧墙卷材收口处构造，先采用 CPS 密封膏密封，然后在其收口处 300mm 范围内做三道 CPS 反应粘结型湿铺防水卷材加强层，最外层砌筑水泥砂浆加以保护，具体防水构造可参照图 5-1-8。

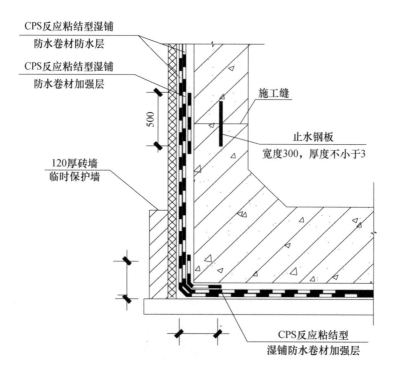

CPS反应粘结型湿铺
防水卷材防水层

CPS反应粘结型湿铺
防水卷材加强层

500

120厚砖墙
临时保护墙

施工缝

止水钢板
宽度300，厚度不小于3

CPS反应粘结型
湿铺防水卷材加强层

图 5-1-7　底板处接茬构造做法

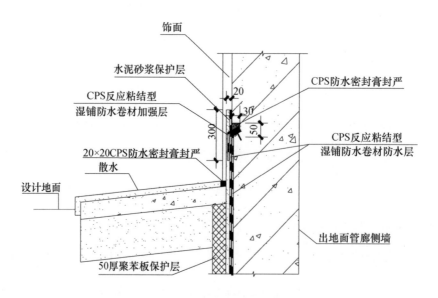

饰面

水泥砂浆保护层

CPS反应粘结型
湿铺防水卷材加强层

20×20CPS防水密封膏封严
散水

设计地面

50厚聚苯板保护层

20

30

50

300

CPS防水密封膏封严

CPS反应粘结型
湿铺防水卷材防水层

出地面管廊侧墙

图 5-1-8　出地面处防水层收口做法

5.1.2　矿山法暗挖施工综合管廊防水设计方案

1. 暗挖管廊防水构造做法

暗挖法防水做法是除结构自防水外，在初期支护与二次衬砌之间设置预铺防水卷材、防水涂料或塑料防水板，形成衬垫防水系统，利用不透水的防水层将围岩内的水与二次衬砌隔离开来。本章介绍的暗挖管廊防水构造做法是基于 CPS 高分子自粘胶膜预铺防水卷材之上的，其防水部位及施工工艺见表 5-1-2。

表 5-1-2　防水部位及施工工艺参数

防水部位	选用材料		施工工艺
	大面积密封材料	节点密封材料	
拱面	CPS 高分子自粘胶膜预铺防水卷材		预铺法
侧面	CPS 高分子自粘胶膜预铺防水卷材	CPS 防水密封膏	预铺法
底面	做法（1）CPS 高分子自粘胶膜预铺防水卷材		预铺法
	做法（2）CPS 反应粘结型湿铺防水卷材		空铺法

矿山法暗挖施工综合管廊防水具体构造及效果可参照图 5-1-9。

2. 矿山法管廊防水细部防水做法

（1）隧道边墙、顶板变形缝防水构造做法

对于隧道边墙、顶板变形缝防水，可先在变形缝中埋橡胶或塑料止水带，然后在其中填充聚苯乙烯泡沫塑料板，外侧采用 CPS 防水密封膏密封，与土层交界面则采用两道 CPS 反应粘结型湿铺防水卷材加强层，最外层按照设计要求采用喷射混凝土保护。具体防水构造可参照图 5-1-10。

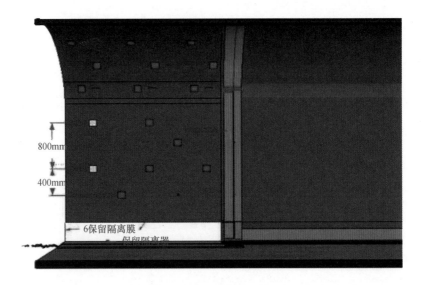

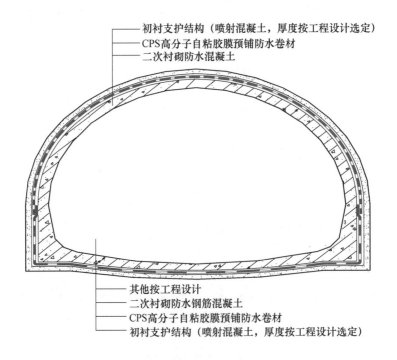

图 5-1-9 矿山法暗挖管廊防水构造示意图

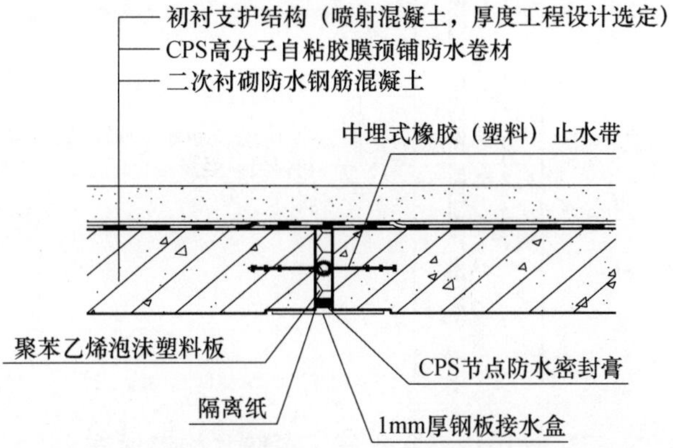

初衬支护结构（喷射混凝土，厚度工程设计选定）
CPS高分子自粘胶膜预铺防水卷材
二次衬砌防水钢筋混凝土
中埋式橡胶（塑料）止水带
聚苯乙烯泡沫塑料板
隔离纸
CPS节点防水密封膏
1mm厚钢板接水盒

图 5-1-10 隧道边墙、顶板变形缝构造示意图

（2）环向施工缝、水平施工缝防水构造做法

对于环向施工缝、水平施工缝的防水构造，可先在施工缝中中埋橡胶（塑料）止水带，然后在与土层交界面处做两道 CPS 反应粘结型湿铺防水卷材加强层，最外层按照设计要求采用喷射混凝土加以保护。具体防水构造可参照图 5-1-11 和图 5-1-12。

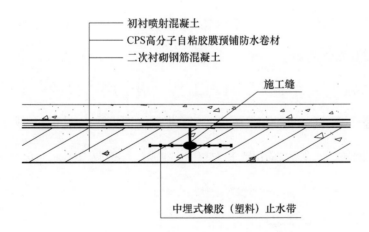

初衬喷射混凝土
CPS高分子自粘胶膜预铺防水卷材
二次衬砌钢筋混凝土
施工缝
中埋式橡胶（塑料）止水带

图 5-1-11 环向施工缝防水构造做法

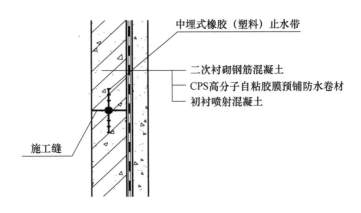

图 5-1-12　水平施工缝防水构造做法

5.2　综合管廊工程全密封防水施工工艺 -----●

5.2.1　材料及工具准备

CPS 反应粘防水卷材采用湿铺法施工，施工前需准备好防水主材、防水辅材、施工工具及安全防护工具，其中：

1.防水主要材料：CPS 反应粘防水卷材。

2.防水辅助材料：CPS 防水密封膏、P.O 42.5 以上普通硅酸盐水泥、水，以及建筑保水剂等。

3.防水施工工具：基层清理工具（钢丝刷、扫帚、小平铲、锤子、凿子等）、施工工具（电动搅拌器、拌浆桶、刮板、锟桶、裁纸刀、卷尺、墨盒、热风枪等），以及防护工具（安全帽、橡胶手套、安全带、平底橡胶鞋等）。

5.2.2　管廊底板施工工艺

底板平面铺贴防水卷材可采用单面粘或双面粘，当采用单面粘时，反应胶粘层朝上，高分子膜朝下；当采用双面粘时，反应胶粘层同样朝上，另一侧反应胶粘层隔离膜不撕掉即可。

第一步：定位、弹线、试铺（图5-2-1、图5-2-2）

图5-2-1　定位、弹线

图5-2-2　对线试铺

根据施工作业面情况，先弹第一条定位线，第二条与第一条线之间的距离为卷材的幅宽（1m），之后每条基准线与前一条基准线之间距离按小于等于92cm进行弹线定位。弹好铺贴基准线后，将卷材摊开并调整对齐基准线，以保证卷材铺贴平直。

第二步：铺贴卷材（图5-2-3～图5-2-5）

图5-2-3　展开卷材

图5-2-4　干粘搭接边

图5-2-5　管廊底板空铺效果

①先按基准线铺好第一幅卷材，再铺设第二幅，然后揭开两幅卷材搭接部位的隔离纸，将卷材搭接。铺贴卷材时，卷材不得用力拉伸，应随时注意与基准线对齐，以免出现偏差难以纠正。

②卷材长、短边搭接方法：将搭接部位隔离膜撕开，直接干粘搭接，气温较低时，可用热风枪加温后搭接，搭接宽度不小于80mm，卷材端部搭接区应相互错开不小于1/3幅宽。

5.2.3　保护层施工

卷材铺贴完成后，按规范底板平面需做50mm细石混凝土保护层。在浇筑平面细石混凝土保护层前，撕开卷材隔离膜，撒水泥粉或淋水隔离，防止卷材粘脚。

5.2.4　管廊侧墙施工工艺

第一步：定位、弹线（图5-2-6、图5-2-7）

根据施工现场状况，按照"搭接边不小于80mm"的原则，进行合理定位，确定卷材铺贴方向，做好定位标记。并量取立面高度，裁剪合适卷材长度。

图5-2-6　铺贴定位

图5-2-7　卷材量取

第二步：涂刮水泥浆料（图5-2-8、图5-2-9）

撕开卷材隔离膜，然后分别在立面基面及卷材粘结面刮涂水泥浆料，水泥浆料刮涂厚度及要求与平面做法相同。

图5-2-8　立面涂浆　　　　　　　　图5-2-9　卷材涂浆

第三步：铺贴卷材（图5-2-10、图5-2-11）

将涂满水泥浆料的卷材折叠后，将其抬至脚手架上，轻轻将卷材一端放下，脚手架上施工人员按定位标记将卷材铺贴于立墙上（搭接边80mm）。

图5-2-10　抬送卷材　　　　　　　　图5-2-11　铺贴卷材

第四步：赶压排气、封边（图5-2-12、图5-2-13）

用刮板从卷材中间向两边刮压排气，使卷材充分满粘于基面上，最后

将刮压排出的水泥浆料回刮收头密封。

图 5-2-12　赶压排气　　　　　图 5-2-13　回刮封边

第五步：保护层施工（图 5-2-14）

侧墙防水层施工完毕并经验收通过后，应尽快施工保护层，砖砌 120mm 保护墙最为有效（现场回填土多未按规范分层夯实，回填土下沉时会下拉破坏防水层）。

图 5-2-14　砖砌保护层

5.2.5　管廊顶板施工工艺

第一步：定位、弹线（图5-2-15）

根据施工作业面情况，先弹第一条定位线，第二条与第一条线之间的距离为卷材的幅宽（1m），之后每条基准线与前一条基准线之间距离按小于等于92cm进行弹线定位。

第二步：试铺卷材（图5-2-16）

弹好铺贴基准线后，把整捆卷材抬至待铺的预定部位，摊开3～5m卷材并调整对齐基准线及检查搭接缝宽度，以保证卷材铺贴平直、搭接可靠。

图5-2-15　定位、弹线　　　　　　图5-2-16　卷材试铺

第三步：倒水泥浆料

沿卷材铺贴方向倒入水泥浆料，水泥浆料倒浆要布满卷材幅宽，用量要适合，要满足铺贴时水泥浆料能赶压外排，以卷材内部布浆均匀、密实、粘结可靠为原则。

第四步：铺贴卷材（图5-2-17、图5-2-18）

用裁纸刀将隔离纸轻轻划开，注意不要划伤卷材，将未铺开卷材隔离纸从背面缓缓撕开，同时将未铺开卷材沿基准线慢慢向前推铺，最后用压辊向两边及前方赶压排气粘牢。

图 5-2-17　边滚边撕隔离膜　　　　　　图 5-2-18　赶浆排气

下一副卷材对齐基准线，长边短边搭接宽度不少于80mm，铺贴方法与上一幅相同。如图5-2-19所示。

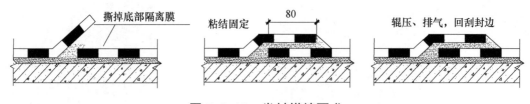

图 5-2-19　卷材搭接要求

第五步：保护层施工

管廊顶板防水层施工完毕并经验收合格后，应尽快按规范施工细石混凝土保护层（人工回填按50mm，机械碾压回填按70mm）。

5.3　综合管廊工程全密封防水施工管理与验收

5.3.1　综合管廊防水施工现场质量保障措施

1. 防水工程质量管理存在的现实问题

（1）综合管廊防水施工现场复杂

一是管根节点多，建筑物管根节点多，节点处材质多、界面多，难以有效粘结密封防水。如图 5-3-1 所示。

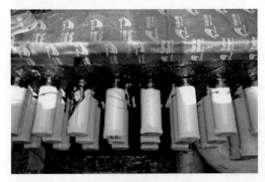

(a) 密集穿墙管　　　　　　　　　　(b) 密集抗浮锚杆钢筋

图 5-3-1　综合管廊管根节点多

二是现场施工环境复杂，包括基面不平整，垃圾、浮浆、灰尘多，且潮湿潮气等。如图 5-3-2 所示。

(a) 施工现场杂乱　　　　　　　　　　(b) 地下水丰富

图 5-3-2　综合管廊施工环境复杂

（2）管理层管理控制不到位

施工管理不到位是影响工程质量、进度的首要问题，施工管理层的执行力递减，导致决策层质量目标被打折扣执行。建设方缺乏防水质量监督与控制手段，最终导致业主的质量与品牌意志落空。如图 5-3-3 所示。

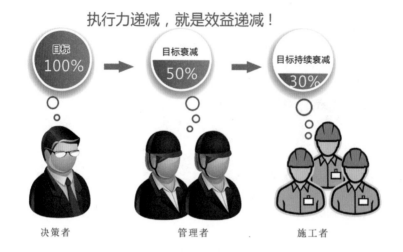

图 5-3-3　施工管理执行力递减

2. 防水施工质量目视化管理平台项目

为使工程管理质量与进度能够得到充分保障，控制工程的顺利进行，施工现场有必要设立防水施工质量目视化管理平台。防水施工质量目视化管理平台包含两个单元：通过目视化管理平台实现目视化施工，确保工程质量；通过目视化管理平台实现目视化管理，保障管理高效。如图 5-3-4 所示。

图 5-3-4　施工管理 100% 同圆执行

单元一：通过目视化管理平台实现目视化施工

将防水施工大学放置于项目部，使得管理人员可以轻易获得工程质量监管、验收知识和相关手段，从而可以有效组织质量监控，帮助决策人正确选择防水方案，有效验收工程质量。

如图 5-3-5 和图 5-3-6 所示。

图 5-3-5　防水施工大学进项目服务

图 5-3-6　管理人员在现场进行"防水施工大学"讲解

单元二：通过目视化管理平台实现目视化管理

通过目视化管理平台让防水工知道怎么干，让管理层知道如何管，让决策层知道怎么验收，让防水真正有效。

（1）贯彻决策人质量与品牌意志，保障防水工程投资安全

措施：项目部，管理人员利用防水施工大学和防水施工目视化管理平台交流如何有效组织防水施工、监控质量。

（2）帮助防水工规范操作承诺责任

措施：施工现场，利用防水施工目视化管理平台对防水工现场培训贯彻落实质量方针，让防水工签字承诺，落实责任。

（3）领导按章验收高效简单安全可靠

措施：验收现场，领导安排直系监管人员，按照防水施工目视化管理平台"一划二剥三抠"的验收手段，现场验收防水施工质量。

如图 5-3-7 和图 5-3-8 所示。

图 5-3-7 工人现场学习、了解施工流程与要点

图 5-3-8　工人现场承诺责任

5.3.2　综合管廊防水实效性验收

大量实践证明：验收合格的防水层≠不漏水。很多工程刚交工甚至未交工就开始渗漏，且屡堵屡漏。做好的防水层是否具有防水功能，能否达到设计要求的级别和年限，需要有更加直观、可靠的验收手段，如果用等使用一段时间后看是否渗漏的方法来检验防水效果，则过于被动。因此工程中除了应用好的防水密封材料体系，好的密封防水施工管理服务外，还需要施工管理人员对施工现场进行可靠的防水质量验收。

1. 防水质量验收一般项目为：

（1）卷材的搭接缝应粘结牢固、密封严密，不得有鼓泡、翘边等缺陷。防水层收头应与基层粘结牢固、缝口封严，不得有翘边、张口现象。

检验方法：观察检查。

（2）卷材铺贴方向正确，卷材搭接宽度的允许偏差为 -10mm。

检查方法：观察检查及尺量检查。

（3）防水垫层应铺设平整，铺设顺序正确，搭接宽度不允许负偏差。

检查方法：观察检查及尺量检查。

（4）防水垫层采用满粘施工，应与基层粘结牢固，搭接缝封口严密，无皱褶、翘边和鼓泡等缺陷。

检验方法：观察检查。

（5）进行下道工序时，不得破坏已施工完成的防水垫层。

检验方法：观察检查。

2. 全密封防水实效性验收是根本

防水质量验收是否符合规定是验收的判定依据，而基于规定章程之外的高效简洁防水验收方法也是验收工作不可忽视的重要环节。广西金雨伞防水装饰有限公司创建的"一划二剥三抠"的简单验收方法，可以准确判断出防水层是否达到密封防水效果，是否安全可靠，即所谓的全密封防水施工管理服务体系的即时性和可靠性。

全密封防水验收通过现场对防水层的破坏性验收，快速检验防水的有效性，只要防水层与基面粘结密封，防水系统就是安全的、可靠的、持久的。

（1）大面积防水验收

一般采用"一划二剥三抠"的验收方式，即：

①划，随机从防水层任意位置用刀划开。

②剥，从划开的地方剥，从边角剥，防水层与基层粘结牢固，有连续致密的密封层。

③抠，检查所有的细部节点是否已用密封膏进行了密封处理，跟混凝土、塑料管金属等不同界面粘结牢固，无砂眼孔洞。

如图 5-3-9 所示。

(1) 划一划　　　　　　　　(2) 剥一剥　　　　　　　　(3) 抠一抠

图 5-3-9　混凝土防水验收

（2）细部节点防水验收

检查所有的细部节点是否采用密封膏进行了密封处理，若节点密封处粘结牢固，则节点防水方为合格，否则即为不合格，节点防水验收方式同样可采用"抠一抠"的方法。

（3）管根节点防水验收

平面、立面验收一般采取混凝土验收中的"抠一抠"的方法，管根节点防水验收同样采取"抠一抠"的方法，若密封膏都粘结牢固，平面、立面、节点密封完好，则说明管根节点防水合格。如图 5-3-10 所示。

(1) 平面、立面验收　　　　　　　　　　(2) 管根验收

图 5-3-10　防水验收

全密封防水验收通过现场对防水层的破坏性验收，快速检验防水的有效性，只要防水层与基面粘结密封，防水系统就是安全的、可靠的、持久的。

5.4 综合管廊工程全密封防水案例

5.4.1 北京华商电力管道项目

（1）项目概况：隧道分别位于北京市顺义区、通州区、房山区等。主要采用矿山法和明挖法现浇混凝土施工。

（2）施工周期：2010年8月～2015年10月（2015年10月后仍有少量支线陆续施工）。

（3）设计方案：矿山法施工全部采用CPS高分子预铺防水卷材，做一道。明挖施工全部采用CPS反应粘结型湿铺防水卷材做外包满粘防水，做两道。如图5-4-1和图5-4-2所示。

| (1) 布钢筋 | (2) 防水施工 | (3) 衬砌支模 |

图 5-4-1 北京华商电力管道矿山法防水施工

(1) 底板空铺

(2) 侧墙湿铺

(3) 顶板湿铺

图 5-4-2 北京华商电力管道明挖法防水施工

5.4.2 海南海口综合管廊项目

（1）项目概况：海口市综合管廊建设为重点规划项目。建设的综合管廊主要采用明挖法现浇混凝土施工。

（2）施工周期：2015 年 ~ 2016 年 5 月。

（3）设计方案：明挖施工全部采用 CPS 反应粘结型湿铺防水卷材做外包满粘防水。如图 5-4-3 所示。

(1) 底板空铺

(2) 侧墙湿铺

(3) 阶段性成果

图 5-4-3 海南海口综合管廊明挖法防水施工

5.4.3 长春市地下电力综合管廊项目

（1）项目概况：长春市地下电力综合管廊项目位于长春市范家屯。综合管廊主要采用明挖法、预制混凝土箱体拼接施工。

（2）施工周期：2015年~2016年4月。

（3）设计方案：预制混凝土箱体全部采用CPS反应粘结型湿铺防水卷材做外包满粘防水，主防水设置一道，拼接部位采用CPS反应粘结型湿铺防水卷材（双面粘）做加强层，CPS防水密封膏局部处理。如图5-4-4所示。

(1) 箱体拼装 　　　　(2) 湿铺防水卷材 　　　　(3) 防水卷材铺粘完成

图5-4-4　长春市地下电力综合管廊明挖法防水施工

5.4.4 长治综合管廊项目

（1）项目概况：长治综合管廊项目位于山西省长治市。综合管廊采用明挖法、现浇混凝土廊体施工。

（2）施工周期：2015年~2016年6月。

（3）设计方案：现浇混凝土廊体全部采用CPS反应粘结型湿铺防水卷材做外包满粘防水，主防水设置两道。底板空铺+干粘各一道，侧墙、顶板为湿铺+干粘各一道。如图5-4-5所示。

| (1) 底板空铺第一道防水卷材 | (2) 底板干粘第二道防水卷材 | (3) 卷材铺粘 |

图 5-4-5　长治综合管廊明挖法防水施工

5.4.5　成都三环路电力隧道项目

（1）项目概况：项目位于成都市三环路高新区，由成都高新置业有限公司开发。主体隧道采用抗渗钢筋砼结构，断面为 2200mm×2000mm，全长 1410m；人孔 16 个；风口 13 个；泵 1 个。隧道土方开挖深度 7.5～8m。本工程建筑结构（包括基础）的安全等级为 II 级，地基基础设计等级为乙级，基坑工程安全等级为 II 级，防水工程质量等级为 I 级。

（2）防水施工时间：2012 年 5 月。

（3）设计方案：

施工部位	施工工艺	
	第一道工序	第二道工序
隧道内侧拱面	CPS 高分子预铺防水卷材 （预铺法）	—
隧道内侧底面	CPS 高分子预铺防水卷材 （预铺法）	—

如图 5-4-6 所示。

(1) 防水施工前　　　　　　(2) 防水施工中　　　　　　(3) 防水施工后

图 5-4-6　成都三环路电力隧道明挖法防水施工

5.4.6　北京通州运河东关大道隧道项目

（1）项目概况：项目位于北京通州东关大道与新华东街平交，向北下穿北关大道、通惠河后向上，与北关北街平交。东关大道新华东街～东关中街段道路红线宽 50m；东关中街～北关大道段道路红线宽 60m；地下隧道段，道路红线宽 30m；北关北街～通燕路段，道路红线宽 40m。东关大道与新华东街平交，向北下穿北关大道、通惠河后向上，与北关北街平交，隧道长度约 1km。

（2）防水施工周期：2011 年 4 月～2013 年 9 月。

（3）设计方案：

施工部位	施工工艺	
	第一道工序	第二道工序
底板	CPS 反应粘结型湿铺防水卷材（空铺法）	CPS 反应粘结型湿铺防水卷材（干粘法）
侧墙	CPS 反应粘结型湿铺防水卷材（湿铺法）	CPS 反应粘结型湿铺防水卷材（干粘法）
顶板	CPS 反应粘结型湿铺防水卷材（湿铺法）	CPS 反应粘结型湿铺防水卷材（干粘法）

如图 5-4-7 所示。

(1) 防水施工前　　　　　(2) 防水施工中　　　　　(3) 防水施工后

图 5-4-7　北京通州运河东关大道隧道明挖法防水施工

5.4.7　南宁南湖过湖底隧道项目

（1）项目概况：南湖隧道为南宁市建成的首条水底隧道，由广西路桥建设有限公司开发，全长约 8km。总投资额约 5.2 亿元的南湖隧道，为城市 I 级主干道。南宁市首条水底隧道，打通了南宁城市市区一条断头路，把园湖路、青山路连成一线，南宁"三纵"中的"第三纵"（由园湖北路延长线—园湖北路—园湖南路—南湖隧道—青山路组成，全长约 8km）至此全线贯通。从青山路开车直达园湖星湖路口将由原来的 20 分钟缩短到两分钟。

（2）防水施工周期：2011 年 1 月 ~ 2011 年 10 月。

（3）设计方案：

施工部位	施工工艺	
	第一道工序	第二道工序
底板	CPS 反应粘结型湿铺防水卷材（空铺法）	CPS 反应粘结型湿铺防水卷材（干粘法）
侧墙	CPS 反应粘结型湿铺防水卷材（湿铺法）	CPS 反应粘结型湿铺防水卷材（干粘法）
顶板	CPS 反应粘结型湿铺防水卷材（湿铺法）	CPS 反应粘结型湿铺防水卷材（干粘法）

如图 5-4-8 所示。

(1) 防水施工前　　　　　(2) 防水施工中　　　　　(3) 防水施工后

图 5-4-8　南宁南湖过湖底隧道暗挖法防水施工

5.4.8　武汉东湖隧道项目

（1）项目概况：东湖隧道是中国最长的湖底隧道。东湖通道工程全长约 10.63km，宽 60～70m，主线双向 6 车道，道路定位为城市 I 级主干路。通道除两端采用高架桥和路面方式外，全线基本采取隧道建设方式，其中穿东湖隧道长 7km，穿团山隧道长 1.3km。

（2）施工周期：2013 年 5 月～2014 年 11 月。

（3）设计方案：

施工部位	施工工艺	
	第一道工序	第二道工序
底板	CPS 反应粘结型湿铺防水卷材（空铺法）	CPS 反应粘结型湿铺防水卷材（干粘法）
侧墙	CPS 反应粘结型湿铺防水卷材（湿铺法）	CPS 反应粘结型湿铺防水卷材（干粘法）
顶板	CPS 反应粘结型湿铺防水卷材（湿铺法）	CPS 反应粘结型湿铺防水卷材（干粘法）

如图 5-4-9 所示。

(1) 防水施工前   (2) 防水施工中   (3) 防水施工后

图 5-4-9 武汉东湖隧道暗挖法防水施工

后　记

●百年管廊Ⅰ级防水设防更安全

综合管廊在中国大地上并非新生事物，相关结构建造技术比较成熟，但决定综合管廊使用效果的远不止结构，防水系统才是决定这些地下工程能否保百年安全的关键所在。

全国确定了包头等 15 个城市作为综合管廊首批试点城市，总投资 351 亿元，其中中央财政和地方财政总计投入 178 亿元。未来，全国综合管廊将建设 8000 千米，以每千米 1.2 亿元计算，市场规模将达万亿元。除了 10 个试点城市，山东省、重庆市、吉林省也出台综合管廊建设计划，其中吉林省计划到 2020 年建成 1000 千米城市综合管廊。对建筑行业和建材行业来说都是发展机遇，而东部发达地区的建设需求也远高于西部地区。

万亿市场存量无疑是一块大蛋糕，不过综合管廊的使用寿命也是核心课题，地下工程一旦建成，其维修成本和难度都远远高于建设时期，维修成本常常达到十几倍以上。2015 年出台的国家标准《城市综合管廊工程技术规范》提出，综合管廊工程的结构设计使用年限应为 100 年，防水等级标准应为Ⅱ级。

城市综合管廊的设备更多，功能更加复杂，这也就意味着，一旦管廊渗漏水，破坏管廊内任一设备运营都将存在风险或者诱发事故，都有可能引发城市"瘫痪"，造成整个城市停水停电停燃气，更有甚者会造成城市爆炸等安全事故。

防水等级要根据具体管廊的管线类型确定，如有高压电缆、弱电、通信传输等重要线路进入管廊，而潮湿和渗漏容易引起连接件的锈蚀和打火

现象出现，防水层则应该使用Ⅰ级防水，同时这些线路也应该单独设仓。施工中还要考虑管廊所在城市地下水、地表水情况，如地表水排水不畅的城市，即使地下水位很低，也应该做Ⅰ级防水，地下水含量丰富的地区，选用Ⅰ级防水更稳妥。目前，部分城市将综合管廊与城市轨道交通工程建设进行统筹考虑，针对地区人口存在长期停留、地下轨道交通工程多等情况，防水等级也应该明确为Ⅰ级防水。

● 综合管廊防水到底需要什么样的技术和产品

综合管廊的防水工程，即是给钢筋混凝土结构外部穿上一件不透水的外衣，保证管廊建筑结构安全的同时，确保所有管线能在不漏水的环境下运行，管廊防水的重要性不言而喻。除了结构变形缝、施工缝、穿墙管道、集水坑等土建构造的附加防水措施以外，结构外增设可靠的防水材料，是整个防水工程最重要的部分，承担着综合管廊防渗防漏的主要任务。

地下结构防水一般遵循"以防为主、刚柔结合、多道防线、因地制宜、综合治理"的原则。"以防为主"：主要是以混凝土自防水为主，首先应保证混凝土、钢筋混凝土结构的自防水能力，为此应采取有效的技术措施，保证防水混凝土达到规范规定的密实性、抗渗性、抗裂性、防腐性和耐久性。加强结构变形缝、施工缝、穿墙管、预埋件、接头、拐角等细部结构的防水措施。"刚柔结合"：采用结构自防水和外包密封的柔性防水层相结合的防水方式。适应结构变形，隔离地下水对混凝土的侵蚀，增加结构防水性、耐久性。"多道防线"：除以混凝土自防水为主、提高其抗裂和抗渗性能外，应辅以柔性防水层，并在围护结构的设计与施工中积极创造条件，满足防水要求，达到互补作用，才能实现整体工程防水的不渗、不漏。细部如变形缝、施工缝等同时设多道防水措施做到因地制宜综合治理。

综合管廊结构特点主要为单舱、双舱，还有多舱的形式，开挖方式以明挖为主，部分根据地理位置需要局部暗挖。管廊结构有现浇抗渗混凝土或预制拼装两种形式，采用的防水和密封措施也有所不同。管廊主体结构横向跨度小、纵向距离长，防水构造主要措施为纵向变形缝，底板主要排水措施为集水坑；又因管线进小区，穿墙管道数量多，人员出入口及进料口为综合管廊特有的构造设施。根据 GB 50838—2015《城市综合管廊工程技术规范》规定，综合管廊工程的结构设计使用年限为 100 年，为保证结构主体的防水安全，结构设防措施应根据管廊的地域环境选用耐久性好、施工成熟可靠的防水材料，并选择相匹配的辅材。

通过对现有管廊工程防水材料的系统调查，目前，综合管廊的主体结构防水一般选用两道柔性防水材料，设置在结构迎水面，选用的防水材料为抗拉强度高、耐久性好、施工成熟可靠的高聚物改性沥青类卷材或高分子类防水卷材或者用材性相容高强度卷材与涂料形成的复合防水层作为柔性防水系统，这种做法很好，但不完善。城市综合管廊防水要求高，在选用材料时，除了参考一般地下建筑的防水标准，更应该注重实际的应用功能，那就是不能"漏水"。在这种先决条件下，首先应该从实际出发，选择具备有"全密封"功能的材料，即材料能够对整个综合管廊做到整体密封、节点密封以及整体和节点相容密封。

因此，城市综合管廊防水更加需要"外包、密封、柔性"的防水，需要全密封防水。

● 广西金雨伞防水装饰有限公司管廊全密封防水技术与产品

广西金雨伞防水装饰有限公司生产 CPS 反应粘结型高分子湿铺防水卷材（1.5mm）和 CPS 节点防水密封膏。都采用 CPS 反应粘专利技术，CPS 反应粘是专门针对混凝土密封防水研发的产品，通过化学交联与物理卯榫协同作用与混凝土紧密粘结，形成连续致密的密封粘结层。CPS 反应粘技

术荣获中国专利优秀奖，产品被列入国家重点新产品项目。

CPS反应粘胶作为粘结层，施工时将CPS胶面粘贴于混凝土面，CPS胶则深入混凝土毛细孔和微细裂缝中并与混凝土的活性成分发生化学反应，形成物理卯榫和化学交联双重作用粘结，"长"在混凝土基面，生成不可逆的致密界面层，满粘不窜水，如图A-1和图A-2所示。

图 A-1 CPS反应粘胶与混凝土粘结原理示意图

图 A-2 CPS反应粘胶与混凝土粘结效果示意图

广西金雨伞防水装饰有限公司 CPS 反应粘技术获得中国专利优秀奖（图 A-3），生产的 CPS 反应粘防水卷材获得国家重点新产品证书（图 A-4）。

图 A-3　CPS 反应粘技术获得中国专利优秀奖

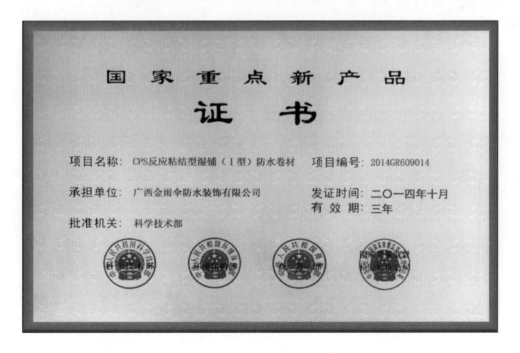

图 A-4　CPS 反应粘防水产品获得国家重点新产品证书

参考文献

[1] 中华人民共和国住房和城乡建设部 .GB 50838—2015 城市综合管廊工程技术规范 [S]. 北京：中国建筑工业出版社，2015.

[2] 中华人民共和国住房和城乡建设部 .GB 50108—2008 地下工程防水技术规范 [S]. 北京：中国计划出版社，2008.

[3] 王永红，文杰，鹿中晖 . 塑料材料在土壤中腐蚀（老化）行为研究 [J]. 现代有线传输，2002（01）:19-24.

[4] 首都建设报，2016-2-5（3）.

[5] 王恒栋 . GB 50838—2015《城市综合管廊工程技术规范》解读 [J]. 现代有线传输，2016（14）:34-37.

[6] 朱祖熹，陆明，柳献 . 隧道工程防水设计与施工［M］. 北京：中国建筑工业出版社，2012.